职业院校工学结合一体化课程改革特色教材

电机变压器安装与检修

主　编　白文霞　　董贵荣

副主编　孔静波　　苗红蕾　　杨伟波

参　编　叶红丽　　曹利云　　范亚栋

马增川　　刘　霞

机 械 工 业 出 版 社

本书共设有单相变压器的安装与检修、直流电动机的检修、三相异步电动机的安装与检修、单相异步电动机的拆装与检修、同步发电机的拆装与维护、特种电机的使用与维护六个学习任务。内容以介绍机电能量转换原理为基础，较深入地阐述了变压器、直流电机、异步电机、控制电机的原理及检修方法，理论性、实践性强。

本书主要采用任务驱动教学法，理论讲授与实验实践相统一，注重培养学生的分析问题和解决问题的能力，对培养学生的职业能力，实现毕业生零距离就业具有重要的意义。本书可供中等职业学校、高职高专院校机电类等相关专业使用。

凡选用本书作为教材的教师，均可登录机械工业出版社教育服务网 www.cmpedu.com下载本教材配套电子课件，或发送电子邮件至 cmpgaozhi@sina.com 索取。咨询电话：010-88379375。

图书在版编目（CIP）数据

电机变压器安装与检修/白文霞，董贵荣主编. —北京：机械工业出版社，2015.2（2024.8 重印）

职业院校工学结合一体化课程改革特色教材

ISBN 978-7-111-47855-3

Ⅰ. ①电… Ⅱ. ①白… ②董… Ⅲ. ①变压器—安装—中等专业学校—教材 ②变压器—检修—中等专业学校—教材 Ⅳ. ①TM4

中国版本图书馆 CIP 数据核字（2014）第 196954 号

机械工业出版社（北京市百万庄大街 22 号　邮政编码 100037）

策划编辑：崔占军　赵志鹏　　责任编辑：赵志鹏

责任校对：王　延　　封面设计：鞠　杨

责任印制：单爱军

北京虎彩文化传播有限公司印刷

2024 年 8 月第 1 版第 2 次印刷

184mm×260mm · 7.5 印张 · 145 千字

标准书号：ISBN 978-7-111-47855-3

定价：21.00 元

凡购本书，如有缺页、倒页、脱页，由本社发行部调换

电话服务

服务咨询热线：010-88379833

读者购书热线：010-88379649

网络服务

机 工 官 网：www.cmpbook.com

机 工 官 博：weibo.com/cmp1952

教育服务网：www.cmpedu.com

金 书 网：www.golden-book.com

职业院校工学结合一体化课程改革特色教材

编审委员会

序

课程建设是教学改革的重要载体，邢台技师学院按照一体化课程的开发路径，通过企业调研、专家访谈、提取典型工作任务，构建了以综合职业能力培养为目标，以学习领域课程为载体，以专业群为基础的“校企合作、产教结合、工学合一”的人才培养模式，完成本套基于工作过程为导向的工学结合教材编写，有力地推动了一体化课程教学的改革，实现了立体化教学。

本套教材一体化特色鲜明，可以概括为课程开发遵循职业成长规律、课程设计实现学习者向技能工作者的转变、教学过程提升学生的综合职业能力。

一是课程开发及学习任务的安排顺序遵循职业人才成长规律和职业教育规律，实现“从完成简单工作任务到完成复杂工作任务”的能力提升过程；融合企业的实际生产，遵循行动导向原则实施教学；建立以过程控制为基本特征的质量控制及评价体系。

二是依据企业实际产品来设计开发学习任务，展现了生产企业从产品设计、工艺设计、生产管理、产品制造到安装维护的完整生产流程。这样的学习模式具备十分丰富的企业内涵，学习内容和企业生产比较贴近，能够让学生了解企业生产岗位具体工作内容及要求，不仅能使学生的专业知识丰富，而且能提升学生对企业生产岗位的适应能力。使学生在学习中体验完整的工作过程，实现从学习者向技能工作者的转变。

三是在教学方法上，通过采用角色扮演、案例教学、情境教学等行动导向教学法，使学生培养了自主学习的能力，加强了团队协作的精神，提高了分析问题解决问题的能力，激发了潜能和创新能力，学会了与人沟通、与人交流，提升了综合职业能力。

综上所述，一体化课程贯彻“工作过程导向”的设计思路，在教学理念上坚持理实一体化的原则，注重学生基本职业技能与职业素养的培养，将岗位素质教育和技能培养有机地结合。教材在内容的组织上，将专业理论知识融入每一个具体的学习任务中，通过任务的驱动，提高学生主动学习的积极性；在注重专业能力培养的同时，将工作过程中所涉及的团队协作关系、劳动组织关系以及工作任务的接受、资料的查询获取、任务方案的计划、工作结果的检查评估等社会能力和方法能力的培养也融入教材中。总之，一体化课程是一个职业院校学生走向职场，成为一个合格的职业人，成为有责任心和社会感的社会人所经历的完整的“一体化”学习进程。

邢台技师学院实施一体化教学改革以来，取得了明显成效。本套教材在我院相关专业进行了试用，使用效果较好。希望通过本套教材的出版，能与全国职业院校进行互动和交流，同时也恳请专家和同行给予批评指正。

邢台技师学院院长　荀凤元

前　　言

随着新型电子元器件及变换技术的产生和发展，电动机调速技术由直流发电机-电动机调速向各类交流调速方向快速发展；电气控制技术由接触器控制系统向可编程序控制器（PLC）系统发展；机床电气控制技术也由接触器控制系统向数控机床系统、计算机数控机床（CNC）系统快速转化。各类职业技术院校针对现代工业企业对技能人才具有极大需求的特点，大胆提出了“知识宽广够用，重在应用技能为本”的人才培养理念；又根据电气技术不断发展的现状和人才培训理念创新、企业人才需求“特点”的时代要求，将原来的专业理论课与技能训练课分别开设的教学内容及教学模式，逐步调整为专业理论与技能训练一体化的教学内容和教学模式。在此背景下，为了更好地适应职业技术学校电工类专业的教学要求，全面提升教学质量，我们编写了这本适合中、高级技能人才培养的电气安装与维修专业的理论与实践一体化教材。

本书在编写原则上着重强调了理论与实训一体化的知识内容同步、训练同步的模式。本书内容以文字、数据、图片、表格相结合的方式展示给学生，以此提高学生的学习兴趣和认知的亲和力。在本书编写过程中尽量简化理论，注重基础知识的应用，并将与生产生活实际紧密结合的实训项目穿插在理论知识的学习过程中，让学生参与实践，感受动手的乐趣，主动去探索知识，为以后走向工作岗位打下基础。

全书共分六个学习任务，每个任务以“学习目标”概括主要内容，使学生对本任务的内容及要求一目了然；每个任务后有成果展示与评价，方便学生总结与深化，培养学生解决实际问题的能力。通过本书的学习，学生能够具备维修电工中级技能型人才所必需的与本课程有关的相关知识和技能。本书在编写过程中力图体现：以培养综合素质为基础，以能力为本位，把提高学生的职业能力放在首位，在保证必要的基础理论知识的前提下，突出和加强实践性环节教学，以“用”字为核心，把学生培养成为企业生产一线迫切需要的高素质劳动者。

全书在理论体系、组织结构、表述方法和知识内容方面均做了一些有益的尝试，主要特色有：

1）采用理论与实践一体化的教材结构模式，缩短了理论教学与实践教学之间的距离，加强了内在联系，使前后衔接更为合理，强化了知识性与实践性的统一。

2）以就业为导向，以学生为主体，突出能力培养，以“用”字贯穿全书。

3）全书采用国家最新颁布的电气系统图形符号和文字符号，在介绍电机、变压器、电器产品时尽量反映我国科技进步和当前市场的实际情况，以使学生学以致用，避免以往教材滞后于社会科技、生产实际状况等弊病。

本书参考教学时数（含理论课教学及技能训练课时数）为 100 学时，授课学校可根据自己的专业方向选讲有关内容。授课过程中，要以问题引导学生，让学生独立完成实操项目。

本书由邢台技师学院白文霞、董贵荣主编并进行统稿，任务一和任务三由白文霞、董贵荣编写；任务二由孔静波、马增川编写；任务四由苗红蕾、曹利云编写；任务五由叶红丽、刘霞编写；任务六由杨伟波、范亚栋编写。

由于编者水平有限，书中难免有不妥之处，恳请读者评批指正。

编　者

目　　录

任务一
单相变压器的安装与检修

变压器是一种静止的电气设备，它具有变换交流电压、电流和阻抗的作用，在输配电系统、电工测量、电子技术等领域都有着广泛的应用，是一种常见的十分重要的电气设备。

学习目标

（1）能正确描述变压器的特点、用途、类型、结构、工作原理等基本知识。

（2）能合理选择绕组及变压器铁心的材料。

（3）能正确使用指针式万用表、绝缘电阻表等仪表对变压器进行检测。

（4）能正确使用绕线机和其他电工常用工具，完成变压器的拆卸和装配。

（5）能根据任务要求，列出所需工具和材料清单，准备工具材料，合理制订工作计划。

（6）能按电工作业规程，在作业完毕后清理现场。

（7）能正确填写验收相关技术文件，完成项目验收。

任务描述

为某线路制作 5 台输出功率 237W，输入电压 220V，输出电压 17V 的小型变压器。本任务以小型变压器的制作为载体，学习变压器的一些基本知识，包括变压器的结构、原理与分类；熟悉小型变压器设计思路和步骤；掌握小型变压器的制作工艺、简单检测方法和常见故障的处理方法。

任务实施

1 000W 以下的小型变压器广泛应用在各个领域。在日常使用过程中，学生应该学会对变压器的维护和检修。小型变压器常常会有如线圈烧毁等故障发生，为了应急，学生也应掌握自行绕制线圈的方法。

活动一　明确任务，制订计划

阅读任务书，以小组为单位讨论其内容，收集相关信息，完成以下引导问题。

（1）变压器一般应用在什么场合？有什么用途？

（2）简述变压器的工作原理。

（3）简述变压器的种类及应用。

活动二　施工前的准备

通过拆卸一个小型变压器，结合以往所学的知识，查阅相关资料，搜集以下信息。

（1）小型变压器的拆卸、安装步骤及注意事项（见图 1-1）。

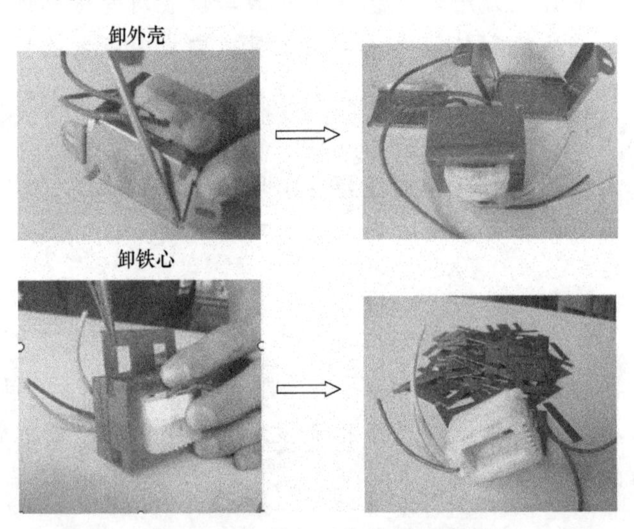

图 1-1　小型变压器的拆卸步骤

【拆卸铁心的注意事项】

在拆卸前应先观察一下，若有未破损或绝缘未老化的线圈骨架，拆卸时应使骨架保持完好，使其能继续使用。无骨架的或骨架已损坏的线圈，应先测量一下铁心的叠厚，以备制作绕线架或骨架时所需。拆卸的硅钢片不可散失，应保管好，如果少了几片，会影响修复后变压器的质量。

（2）变压器主要由哪几部分组成？各部分的作用是什么？

（3）制作一个变压器要准备哪些工具和材料？列出工具及材料清单（见表 1-1）。

表 1-1　工具及材料清单

序　号	工具或材料名称	单　位	数　量	备　注

1）材料或工具名称：标准变压器及漆包线（见图 1-2、图 1-3）。

图 1-2　标准变压器

图 1-3　漆包线

2）材料或工具名称：绝缘材料和量具（见图 1-4～图 1-9）。

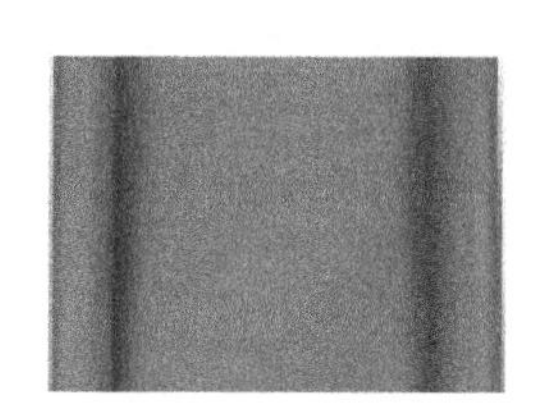

图 1-4　牛皮纸

图 1-5　青壳纸

图 1-6　指针式万用表

图 1-7　绝缘电阻表

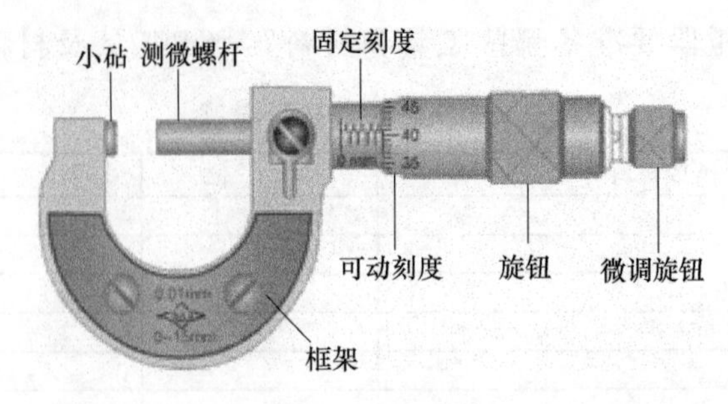

图 1-8　千分尺

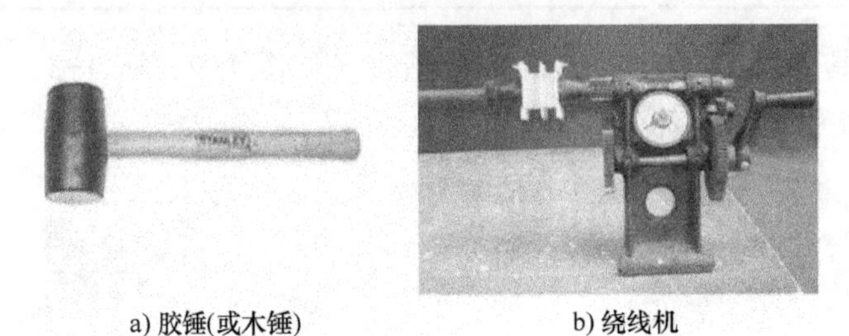
a) 胶锤(或木锤)　　b) 绕线机

图 1-9　胶锤与绕线机

活动三　小型变压器的制作

查阅资料，完成以下引导问题。

（1）变压器的制作应该分哪几步完成？

（2）绕制线圈时有什么要领？

1. 线圈的绕制

变压器绕制需要的主要数据是导线直径和绕组匝数。导线直径可通过以千分尺或游标卡尺测量原线圈导线获得；绕组匝数可用绕线机退圈计数获得，也可数一下每层的匝数和总层数，大致计算出总匝数。

【提示】 要求将导线绕得紧密、整齐，不允许有叠线现象。绕线的要领：绕线时将导线稍微拉向绕线前进的相反方向约 5°。拉线的手顺绕线前进方向而移动，拉力大小应根据导线粗细掌握，这样导线就容易排列整齐，每绕完一层要垫层间绝缘（见图 1-10）。

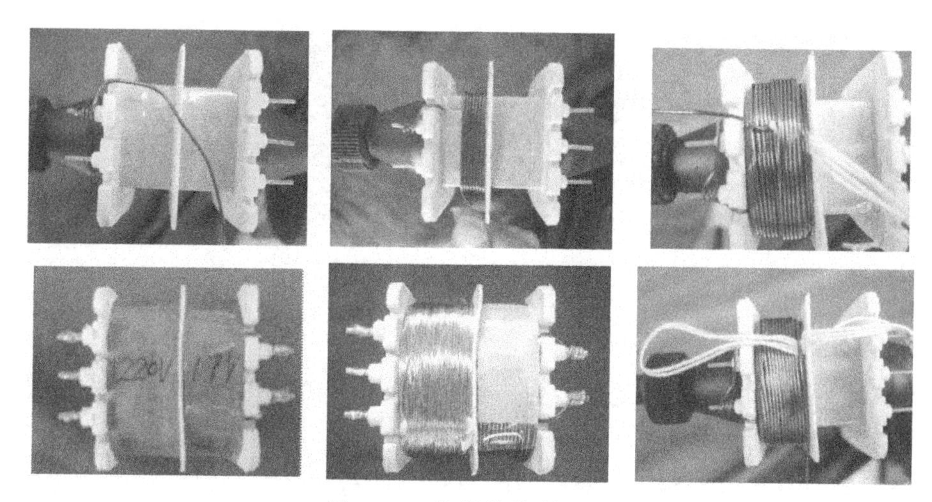

图 1-10　绕组的绕制方法

2. 绝缘处理

将绕好的线圈放在电烘箱内加温 70～80℃，预热 3～5h，驱除内部潮气。取出立即浸入 1 260 漆(氨基烘干绝缘漆，为现用型号 A30-11 的曾用型号)等绝缘清漆中 0.5～1h，取出浸完漆的变压器放在通风处滴漆 2～3h。然后再进烘箱加温到 80℃，烘 12h 即可（见图 1-11）。

若无烘箱条件，可在绕组绕制过程中，每绕完一层，就涂刷一层薄的 1 260 漆等绝缘清漆，然后垫上绝缘，继续绕下一层，线圈绕好后，通电烘干。通电烘干的办法是用一个 500VA 的自耦变压器及交流电流表与欲烘干的变压器的高压绕组串联（低压绕组短路)。逐渐增大自耦变压器的输出电压，使电流达到高压绕组额定电流的 2～3 倍(0.5h 后，摸线圈时应感到烫手，此时 70～80℃)，线圈通电干燥 12h 后即可。

a) 准备

b) 加热

c) 浸漆

d) 烘干

图 1-11　绝缘处理

3. 安装铁心

安装铁心要求紧密、整齐，切忌划伤导线。铁心安装不紧密会使铁心截面积达不到计算要求，造成磁通密度增大，在运行时硅钢片会发热，并产生振动噪声。划伤导线会造成断路或短路。

安装时先两片两片地交叉对镶，镶到快要结束时会变得更紧而难插，则一片一片地交叉对镶，最后要将铁心用螺栓或夹板紧固（见图 1-12）。

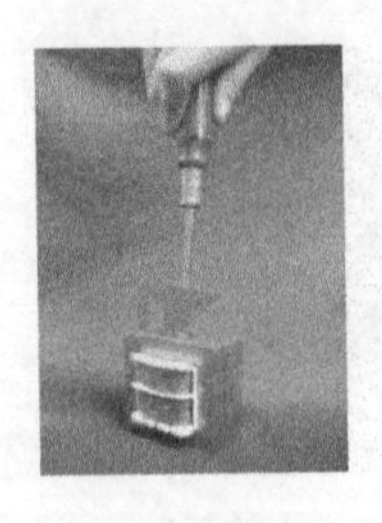
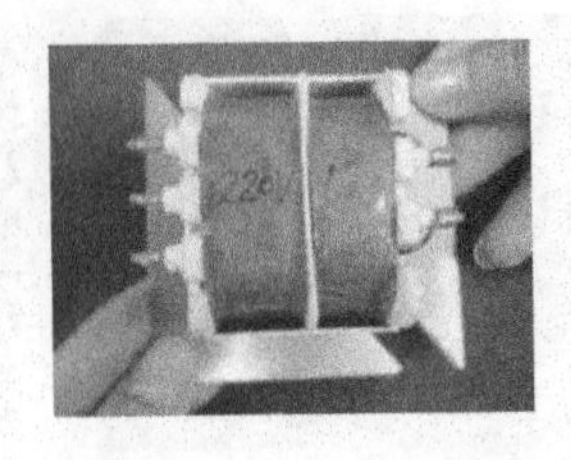
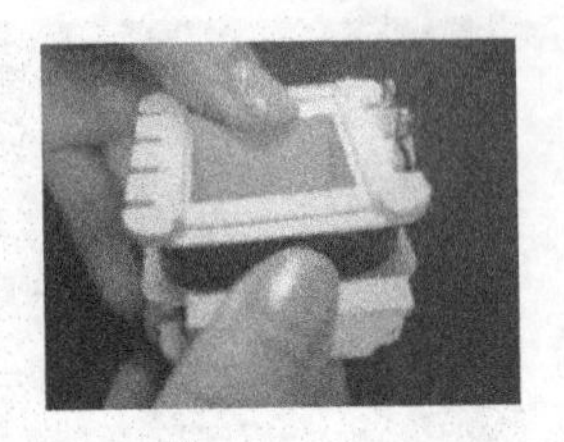

图 1-12　铁心的安装

4．变压器测试

绕制好的变压器投入使用之前，先应对它进行一些简单的测试，以检验其性能是否达到要求，测试合格的变压器才可投入使用。

1）变压器的空载特性测试。变压器的空载特性是指一次绕组上加额定电压，二次绕组不接负载时的特性。空载特性包括：空载电流、空载电压。

空载电流是指一次绕组上加额定电压 U_{1N} 时，通过一次绕组的电流 I_{10}；空载电压是指二次绕组的开路电压 U_{20}。可使用交流电压表和电流表进行测试，测试电路如图 1-13 所示。

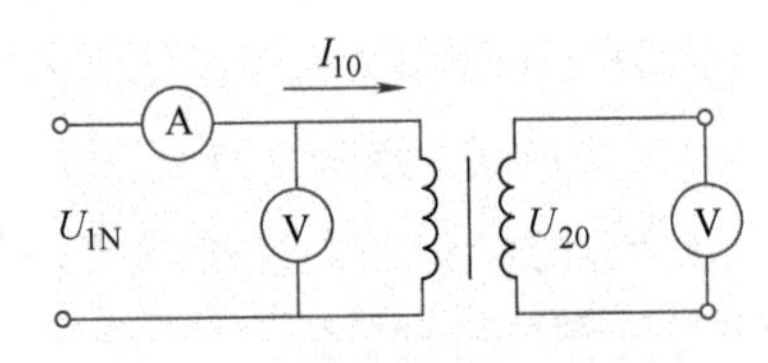

图 1-13　变压器的空载特性测试电路

变压器的空载电流一般应不大于一次额定电流的 10%，空载电压应为二次额定电压的 105%～110%。

变压器空载时，在理想情况下，一次电压与二次电压之比等于一次绕组与二次绕组的匝数比，这就是变压器变换电压的关键所在。当 $N_2<N_1$ 时，$U_2<U_1$，称为降压变压器；当 $N_2>N_1$ 时，$U_2>U_1$，称为升压变压器。

2）变压器的负载特性测试。变压器的负载特性是指一次绕组上加额定电压 U_{1N}，二次绕组接额定负载时，二次电压 U_2 随二次电流 I_2 的变化特性，又称变压器的外特性。变压器负载特性测试电路如图 1-14 所示。

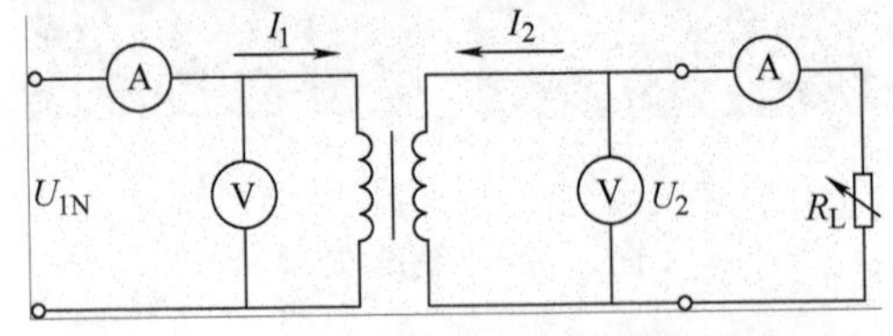

图 1-14　变压器的负载特性测试电路

3）变压器的短路电压测试。短路电压又称阻抗电压，是指使变压器二次绕组短路，一次侧和二次侧均流过额定电流时，施加在一次绕组上的电压 U_k。它是反映变压器内部阻抗大小的量，是负载变化时计算变压器二次电压变化和发生短路时计算短路电流的依据。短路电压测试电路如图 1-15 所示。图 1-15 中 T 为调压器，测试时用来调整一次侧所加电压。短路电压应不大于额定电压的 10%。

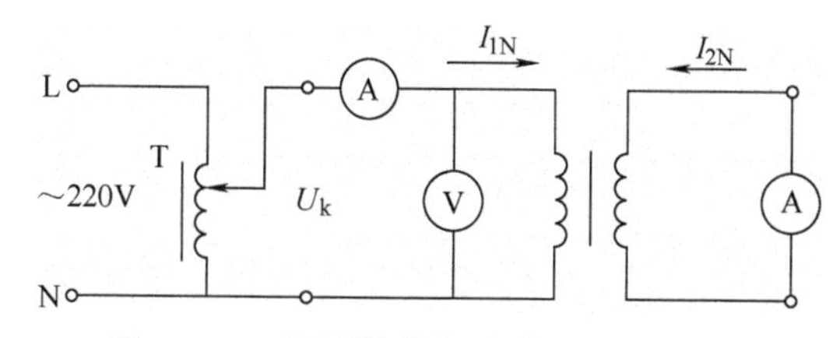

图 1-15　变压器的短路电压测试电路

4）变压器线圈直流电阻测量。变压器线圈是由漆包铜导线绕制而成，具有一定的直流电阻，它可作为判别线圈是否正常的参考数据。测量线圈的直流电阻可使用直流电桥或万用表欧姆档。

5）变压器的绝缘电阻测量。变压器线圈之间以及各线圈与铁心之间都有绝缘性能要求，其绝缘电阻值应符合规定，测量绝缘电阻可使用绝缘电阻表。变压器的绝缘电阻值一般应不低于 50～200MΩ。

6）变压器的温升测量。变压器的温升测量，可采用测量线圈直流电阻的方法。先用直流电桥测出一次线圈的冷态电阻 R_0，然后加上额定负载，接通电源运行数小时，待温度稳定后切断电源，再测出其热态电阻 R_T，用下列公式可求出温升ΔT。

$$\Delta T = (R_T - R_0) / 0.0039 R_0$$

活动四　成果展示与评价

任务结束后，各小组对活动成果进行展示，采用小组自评、小组互评、教师评价三种结合的评价体系。

一、展示评价

把个人制作好的产品先进行分组展示，再由小组推荐代表做必要的介绍。自己制作并填写活动过程评价自评表、活动过程评价互评表。

二、教师评价

教师根据学生展示的成果及表现分别做出评价，填写综合评价表（见表 1-2）。

表 1-2　综合评价表

评价项目	评价内容	配分	评价方式		
			自我评价	小组评价	教师评价
职业素养	（1）严格按《实习守则》要求穿戴好工作服、工作帽 （2）保证实习期间出勤情况 （3）遵守实习场所纪律，听从实习指导教师指挥 （4）严格遵守安全操作规程及各项规章制度 （5）注意组员间的交流、合作 （6）具有实践动手操作的兴趣、态度、主动积极性	30			

（续）

评价项目	评价内容		配分	评价方式		
				自我评价	小组评价	教师评价
专业技能水平	基本知识	（1）常用仪表、工具的使用正确 （2）制作过程中步骤完整，操作无误 （3）材料、工具选择适当	10			
	操作技能	（1）制作完成的变压器符合任务要求 （2）能有效处理制作过程中遇到的问题 （3）能对变压器常见故障进行检修	40			
	工具使用	（1）实验台、测量工具等的正确使用及维护保养 （2）熟练操作实习设备	10			
创新能力	学习过程中提出具有创新性、可行性的建议		10			
学生姓名		合计				
指导教师		日期				

相关知识

一、认识变压器

（一）变压器的分类

（1）根据电源相数，变压器可分为：单相变压器和三相变压器。

单相变压器常用于单相交流电路中隔离、电压等级的变换、阻抗变换、相位变换或三相变压器组，如图 1-16 所示。

三相变压器常用于输配电系统中变换电压和传输电能，如图 1-17 所示。

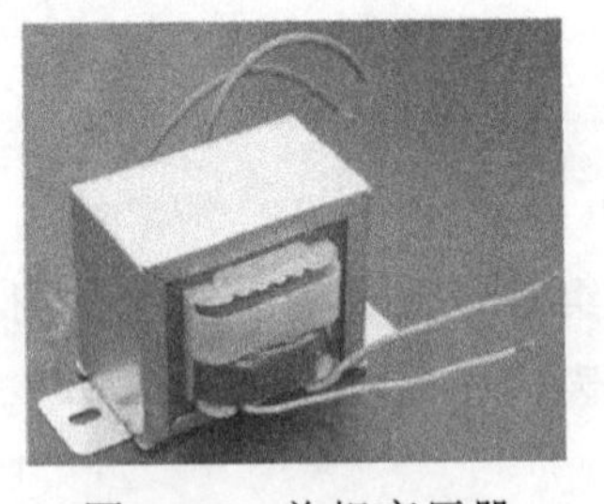

图 1-16　单相变压器

图 1-17　三相变压器

（2）根据用途，变压器可分为：电力变压器、仪用互感器、电源变压器、自耦变压器、电焊变压器等。

（3）根据结构，变压器可分为：心式变压器和壳式变压器。

（4）根据电压升降，变压器可分为：升压变压器和降压变压器。

（5）根据电压频率，变压器可分为：工频变压器、音频变压器、中频变压器和高频变压器等。

（二）变压器的结构

根据用途不同，变压器的结构也有所不同，但基本结构都包含了铁心和绕组

（线圈）。大功率电力变压器的结构比较复杂，油浸式电力变压器的结构如图 1-18 所示。

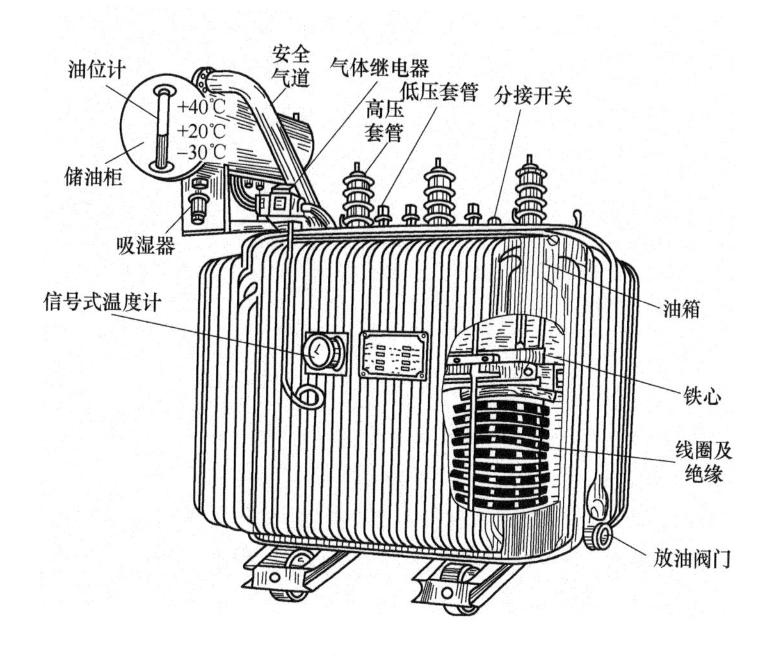

图 1-18　油浸式电力变压器

1. 变压器绕组

（1）绕组的材料。

绕组是变压器的电路部分。变压器有一次绕组和二次绕组，按电压又分为高压绕组和低压绕组。它们是用铜线或铝线绕成圆筒形的多层线圈，绕在铁心柱上，导线外边采用纸或纱包绝缘。

（2）绕组的类型。

不同容量、不同电压等级的电力变压器，绕组的结构形式也不一样。一般电力变压器中常采用同心式绕组和交叠式绕组两种结构形式。

同心式绕组是把高压绕组与低压绕组套在同一个铁心上，一般是将低压绕组放在里边，高压绕组套在外边，以便绝缘处理。但大容量输出电流很大的电力变压器，低压绕组引出线的工艺复杂，往往把低压绕组放在高压绕组的外面。同心式绕组结构简单、绕制方便，广泛用于电力变压器中（见图 1-19）。

交叠式绕组在同一铁心上，由高压绕组、低压绕组交替排列，一般两边靠近铁轭处放置低压绕组，利于绝缘。它的优点是力学性能较好，引出线的布置和焊接比较方便、漏电抗较小，一般用于壳式、干式及电炉变压器中（见图 1-20）。

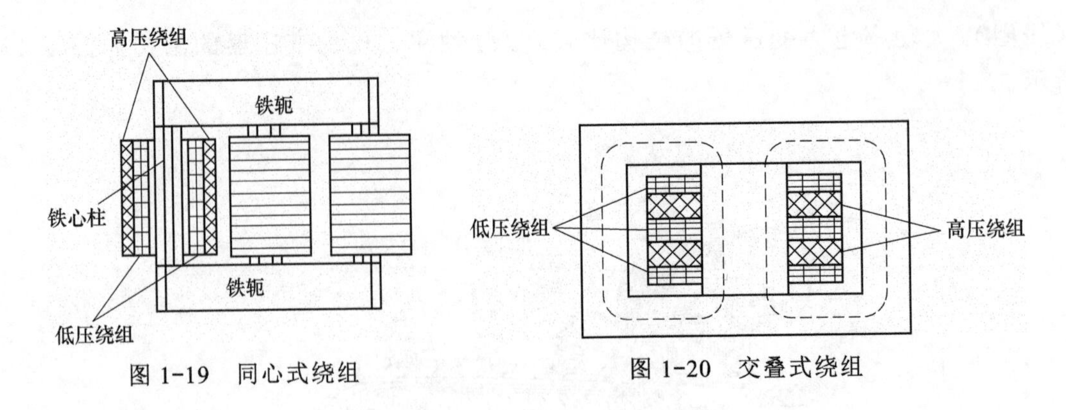

图 1-19　同心式绕组　　　图 1-20　交叠式绕组

2．变压器铁心

（1）铁心的作用。铁心，分为铁心柱和铁轭两部分。铁心柱上套装线圈，铁轭的作用是使磁路闭合。

铁心具有两个方面的功能。在原理上，是主磁通的通道。在结构上，它是构成变压器的骨架。在它的铁心柱上套上带有绝缘的线圈，并且牢固地对它们支撑和压紧。

（2）铁心的材料。铁心材料的质量直接影响变压器的性能。高磁导率、低损耗和价格便宜是选择铁心材料的标准。一般铁心常用硅钢片叠装而成，有的变压器也采用非晶合金材料。

（3）铁心的类型。如图 1-21 所示，按照绕组套入铁心柱的形式，铁心可分为芯式结构和壳式结构两种（见表 1-3）。

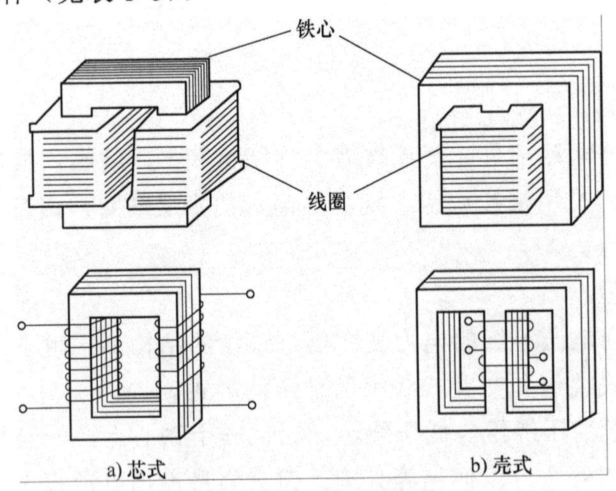

图 1-21　铁心的类型

表 1-3　铁心的类型

铁心类型	性能和特点	应用范围
芯式	线圈包着铁心，结构简单，装配容易，省导线	适用于大容量、高电压。电力变压器大多采用三相芯式铁心
壳式	铁心包着线圈，铁心易散热，但用线量多，工艺复杂	除小型干式变压器外很少采用

3. 油浸式电力变压器的其他组成部分

（1）油箱：箱内充满变压器油，主要是散热和绝缘。

（2）储油柜是装在油箱上方的圆筒形容器，用管道和油箱连通，使油充满储油柜的一半，这样变压器运行时油箱内油温的变化引起油面的升降就被限制在储油柜中，使油箱内部和外界空气隔绝避免潮气侵入。

（3）气体继电器：油浸式变压器上的重要安全保护装置，在油浸式电力变压器的内部故障保护中，气体继电器保护是一种最基本的保护措施。它安装在变压器油箱与储油柜之间的管道上，在变压器内部发生故障时，可以发出警报信号或使变压器从电网中切除，达到保护变压器的作用。

（4）分接开关：变压器常采用改变绕组匝数的方法来调压，一般从变压器高压绕组引出多个抽头称为分接头，用来切换分接头的装置叫分接开关。

分接开关有两种调压方式，一种是无励磁（无载）调压，一种是有载调压。无励磁调压必须在变压器停电的情况下切换，有载调压可以在变压器带负载（运行）的情况下进行切换。分接开关安装在油箱内，其控制箱在油箱外。

（5）绝缘套管：由外部的瓷套和中心的导电杆组成，它穿过变压器上面的油箱壁，其导电杆在油箱中的一端与绕组的出线相接，在外面的一端和外电路相接。

（6）压力释放阀：变压器内部发生故障时，产生大量气体，油箱内压力迅速增加。在内部压力过大时，压力释放阀可以动作，排除由于故障产生的高压气体和油，减轻或者解除油箱承受的压力，避免爆炸，保证其安全运行。

（7）测温装置：即热保护装置，变压器的寿命取决于变压器的运行温度，因此油温和绕组温度监测是很重要的。

（三）变压器的工作原理

简单地说，变压器的工作原理就是电磁感应原理，也就是“动电生磁，动磁生电”的过程。

1. 变压器的空载运行

（1）空载运行：变压器一次绕组接到额定电压、额定频率的电源上，二次侧绕组开路时的运行状态（见图 1-22）。

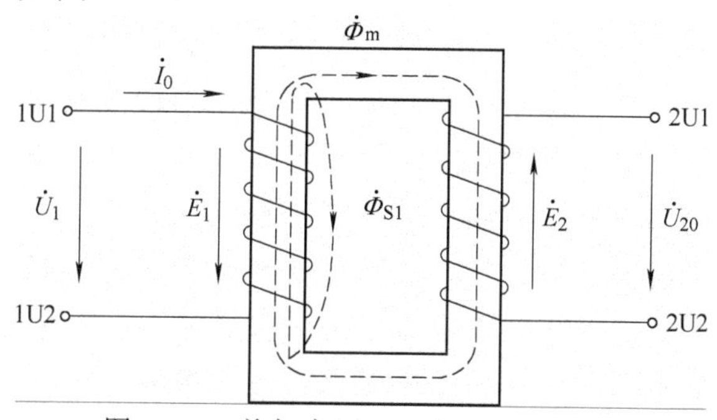

图 1-22　单相变压器空载运行原理图

（2）主磁通和漏磁通。主磁通：完全在铁心中走，与一次绕组、二次绕组相交链。漏磁通：只与一次绕组相交链，其走过的路径为铁心和周围的气隙。

主磁通在一次绕组、二次绕组中均感应电动势，当二次绕组接上负载时便有电功率向负载输出，故主磁通起传递能量的作用。而漏磁通仅在一次绕组中感应电动势，不能传递能量，仅起压降作用。因此，在分析变压器和交流电机时常将主磁通和漏磁通分开处理。

（3）感应电动势的大小。

$$E_1=4.44fN_1\Phi_m \tag{1-1}$$

式中 Φ_m—— 主磁通最大值，单位 Wb；

f—— 频率，单位 Hz；

E_1—— 感应电动势有效值，单位 V；

N_1—— 一次绕组匝数，单位匝。

该公式是交流磁路的基本关系式，该公式也可推导出铁心中的主磁通的大小取决于电源电压、频率和一次绕组的匝数，而与铁心所用的材料和几何尺寸无关。当电源电压不变时，变压器磁路上的磁通量是不会变化的。

（4）电压比。电压比（以 K 表示）是一次绕组相电动势 E_1 与二次绕组相电动势 E_2 之比，即 $K=E_1/E_2$，因为 $E_1=4.44fN_1\Phi_m$，$E_2=4.44fN_2\Phi_m$，可得到公式

$$K=\frac{E_1}{E_2}=\frac{N_1}{N_2}$$

式中 N_1—— 一次绕组匝数；

N_2—— 二次绕组匝数。

由以上公式可知：变压器的电压比等于一次绕组、二次绕组的匝数比。当变压器空载运行时，由于 $U_1\approx E_1$，$U_{20}\approx E_2$，故可近似地用空载运行时一次相电压、二次相电压的比来作为变压器的电压比，即

$$K=\frac{E_1}{E_2}=\frac{N_1}{N_2}\approx\frac{U_1}{U_{20}}=\frac{U_{1N}}{U_{2N}} \tag{1-2}$$

所以，变压器的工作原理即：一次绕组从电源吸取电功率，借助磁场作为媒介，利用电磁感应原理，传递到二次绕组，然后再将电功率传送到负载。

一次绕组、二次绕组感应电动势之比等于一次绕组、二次绕组的匝数之比；而一次电压、二次电压之比，与一次绕组、二次绕组电动势之比大小相接近。所以，只要改变一次绕组、二次绕组的匝数之比，便可以达到变换电压的目的。

（5）空载电流 i_0。空载电流即变压器空载运行时流过一次绕组的电流。

它的作用包括两个方面：一方面用来励磁，建立磁场—— 无功分量 I_μ；另一方面

供变压器空载损耗—— 有功分量 I_{Fe}。

其有效值 I_0 为

$$I_0 = \sqrt{I_\mu^2 + I_{Fe}^2} \tag{1-3}$$

通常 I_μ 远远大于 I_{Fe}，所以 $\dot{I}_0$ 超前 Φ_m 的相位角 α_{Fe}（称为铁耗角）很小，且 I_μ 是 I_0 的主要分量，故有时把空载电流 I_0 近似认为是励磁电流 I_m。

2．变压器的负载运行

（1）负载运行：变压器的一次绕组接在额定频率、额定电压的交流电源上，二次绕组接上负载的运行状态，称为变压器的负载运行。此时，二次绕组有电流 $\dot{I}_2$ 流向负载，电能就从变压器的一次侧传递到二次侧。工作原理如图 1-23 所示。

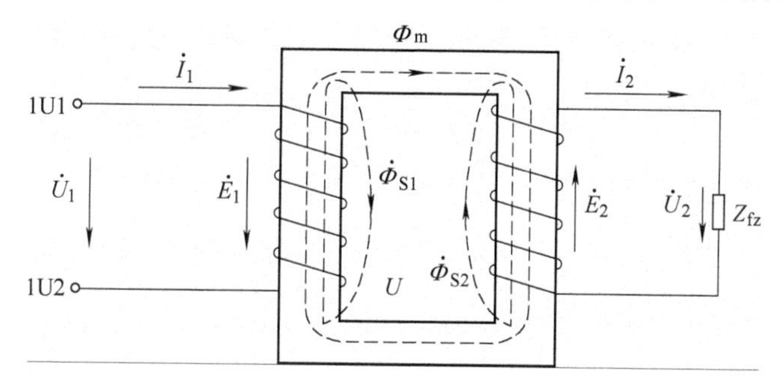

图 1-23　单相变压器的负载运行原理图

（2）负载运行时的电磁关系。当变压器二次绕组接上负载后，便有电流 $\dot{I}_2$ 流过，它将建立二次绕组磁动势 $\dot{F}_2 = N_2\dot{I}_2$，也作用于主磁路铁心上。根据全电流定律，这时铁心中的主磁通 Φ_m 由一次绕组磁动势 $\dot{F}_1$ 和二次绕组磁动势 $\dot{F}_2$ 共同产生，与空载相比有所变化，从而改变一次绕组、二次绕组的感应电动势 $\dot{E}_1$ 和 $\dot{E}_2$，在电压 $\dot{U}_1$ 和一次绕组漏阻抗 Z_1 一定的情况下，它的改变必然引起一次电流从空载时的 $\dot{I}_0$ 变为负载时的 $\dot{I}_1$。

由公式 $U_1 \approx E_1 = 4.44 f N_1 \Phi_m$ 可知，只要 $\dot{U}_1$ 保持不变，则变压器由空载到带负载其主磁通 Φ_m 基本保持不变，因此，带负载时产生主磁通的合成磁动势和空载时产生主磁通的励磁磁动势基本相等，即

$$\dot{F}_m = \dot{F}_1 + \dot{F}_2 \tag{1-4}$$

把上式改写成电流形式：将（1-4）式两边除以 N_1，整理得

$$\dot{I}_1 = \dot{I}_0 + \left(-\frac{N_2}{N_1}\dot{I}_2\right) \tag{1-5}$$

式（1-5）表明，变压器负载运行时，一次电流 $\dot{I}_1$ 由两个分量构成：一个分量是空载电流 $\dot{I}_0$，用来维持主磁通 Φ_m 不变；另一个分量是 $-\frac{N_2}{N_1}\dot{I}_2$，用以抵消二次绕组磁动

势 $\dot{F}_2$ 的影响。它是随负载变化的量，故称作负载分量。

变压器负载运行时，由于 $I_0 << I_1$，故可忽略 I_0，这样一次电流、二次电流关系变为

$$\dot{I}_1 \approx -\frac{N_2}{N_1}\dot{I}_2 = -\frac{\dot{I}_2}{K} \tag{1-6}$$

（四）变压器的运行特性

表征变压器运行的主要特性有外特性和效率特性，其运行的主要指标是电压变化率和效率。

1．变压器的外特性和电压调整率

变压器的外特性是指电源电压和负载功率因数为常数时，变压器二次绕组端电压随负载电流变化的规律，即 $U_2=f(I_2)$。由于变压器负载运行时，一次绕组、二次绕组内均存在电阻和漏阻抗，故当有负载电流流过时，必然会产生阻抗压降，所以变压器二次绕组的输出电压将随负载电流的变化而变化。图 1-24 表示负载性质不同时，变压器的不同外特性曲线。由图 1-24 可知，变压器二次绕组输出电压的大小不仅与负载电流 I_2 有关，而且与负载的功率因数 $\cos\varphi_2$ 有关。

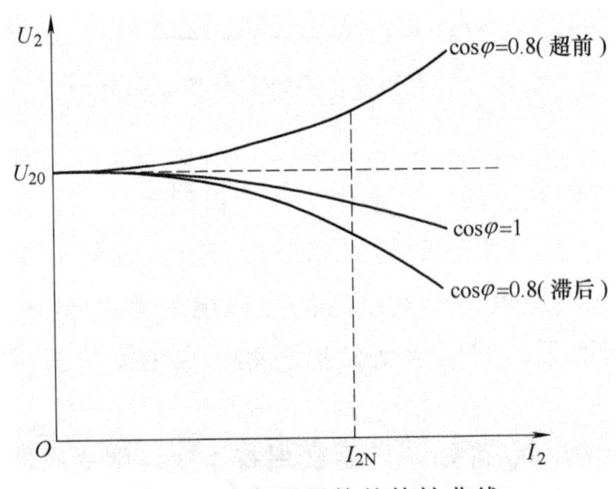

图 1-24 变压器的外特性曲线

为表征变压器二次绕组电压 U_2 随负载电流 I_2 变化而变化的程度，引进电压调整率的概念。电压调整率用 $\Delta u\%$ 表示，即

$$\Delta u\% = \frac{U_{20} - U_{2N}}{U_{20}} \times 100\% \tag{1-7}$$

式中 U_{20}——变压器空载（即 I_2 为零）时的二次绕组电压；

U_{2N}——变压器额定负载时的二次绕组电压。

电压调整率是变压器的一个重要性能指标，它表征了电网电压的稳定性和供电质量。

2．变压器的损耗和效率特性

（1）变压器的损耗。

变压器带负载运行时，将产生损耗。变压器的损耗包括铁耗、铜耗两部分。

1）铁耗 P_{Fe}。变压器的铁耗包括基本铁耗和附加铁耗两部分。基本铁耗为铁心中磁滞损耗和涡流损耗，它取决于铁心中磁通密度、磁通频率和硅钢片的质量。附加铁耗包括由铁心叠片间绝缘损伤引起的局部涡流损耗、主磁通在结构部件中引起的涡流损耗等，一般为基本铁耗的 15%～20%。变压器的铁耗与一次绕组外加电源电压的大小有关，而与负载大小无关。当电源电压一定时，其铁耗基本不变，故铁耗又称之为“不变损耗”，$P_{Fe}\approx P_0$（P_0 称为空载损耗）。

2）铜耗 P_{Cu}。变压器的铜耗也分为基本铜耗和附加铜耗两部分。基本铜耗是一次绕组、二次绕组直流电阻上的损耗，而附加铜耗包括因集肤效应引起导线等效截面变小而增加的损耗以及漏磁场在结构部件中引起的涡流损耗等。附加铜耗为基本铜损耗的 0.5%～20%。变压器铜耗的大小与负载电流的二次方成正比，所以把铜耗称为“可变损耗”。

（2）变压器的效率及效率特性。

变压器效率是指变压器的输出功率 P_2 与输入功率 P_1 之比，用百分数表示，即

$$\eta=\frac{P_2}{P_1}\times 100\% \tag{1-8}$$

变压器效率的大小反映了变压器运行的经济性能的好坏，是表征变压器运行性能的重要指标之一。

工程上常用间接法来计算变压器的效率，即通过空载试验和短路试验，求出变压器的铁耗 P_{Fe} 和铜耗 P_{Cu}，然后按下式计算效率

$$\eta=\left(1-\frac{\Sigma P}{P_1}\right)\times 100\%=\left(1-\frac{P_{Fe}+P_{Cu}}{P_2+P_{Fe}+P_{Cu}}\right)\times 100\% \tag{1-9}$$

上式通过计算整理可得

$$\eta=\left(1-\frac{P_0+\beta^2 P_{kN}}{\beta S_N\cos\varphi_2+P_0+\beta^2 P_{kN}}\right)\times 100\% \tag{1-10}$$

式中，$\beta=\frac{I_2}{I_{2N}}$ 为负载系数，额定电流时的短路损耗 P_{kN} 作为额定电流时的铜耗，且铜耗与 β^2 成正比，即 $P_{Cu}=\left(\frac{I_2}{I_{2N}}\right)^2 P_{kN}=\beta^2 P_{kN}$。

对于已制成的变压器，P_0 和 P_{kN} 是一定的，所以效率与负载大小及功率因数有关。

在功率因数一定时，变压器的效率与负载系数之间的关系 $\eta=f(\beta)$，称为变压器的效率特性曲线（见图 1-25）。

从图 1-25 可以看出，空载时，$\beta=0$，$P_2=0$，$\eta=0$；负载增大时，效率增加很快；当

负载达到某一数值时，效率最大，然后又开始降低。这是因为随负载 P_2 的增大，铜耗 P_{Cu} 按 β 的二次方成正比增大，超过某一负载之后，效率随 β 的增大而变小了。

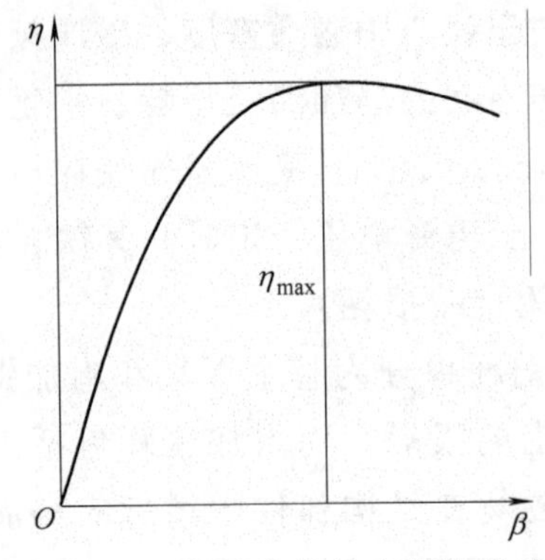

图 1-25　变压器的效率特性曲线

当铜耗等于铁耗，即可变损耗等于不变损耗时，效率最高。由于电力变压器长期在电网上运行，总有铁耗，而铜耗却随负载而变化，一般变压器不可能总在额定负载下运行，因此，为提高变压器的运行效益，设计时使铁耗相对比较小些，一般电力变压器取 $P_0 / P_{kN} \approx \left(\frac{1}{4} \sim \frac{1}{3}\right)$。

（五）三相变压器

在电力系统中广泛使用三相变压器。三相变压器在对称三相负载下运行时，各相的电压、电流大小相等，相位互差 120°，因此在分析和计算时，可以取三相中的任意一相来研究，其他两相可根据相位关系求得。这样，前面导出的单相变压器的基本方程式均可直接适用于三相中的任一相。下面主要讨论三相变压器的磁路系统和电路系统。

1. 三相变压器的磁路系统

三相变压器的磁路系统按其铁心结构可分为组式磁路和心式磁路。

（1）组式（磁路）变压器。三相组式变压器是由三台同规格的单相变压器，按一定的接线方式，连接成三相变压器，如图 1-26 所示。当一次侧外施对称的三相电压时，三相对称的主磁通 $\dot{\Phi}_U$、$\dot{\Phi}_W$ 和 $\dot{\Phi}_V$ 在各自的铁心中流通，彼此无关。

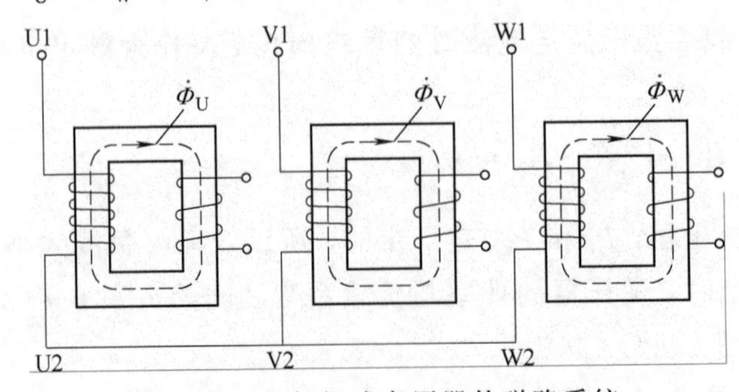

图 1-26　三相组式变压器的磁路系统

（2）心式（磁路）变压器。变压器每相有一个铁心柱，三个铁心柱用铁轭连接起来，构成三相铁心，如图 1-27a 所示。

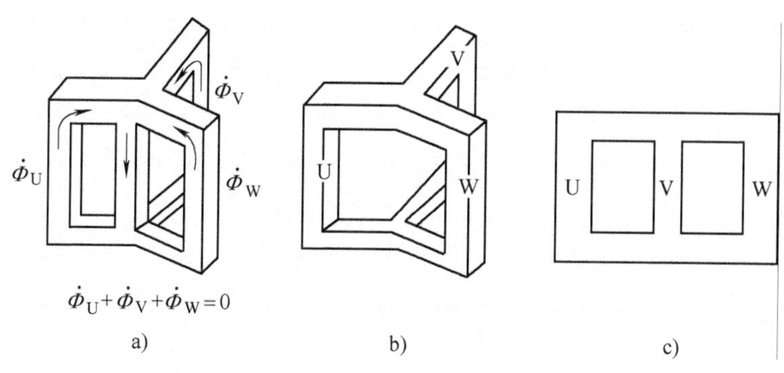

图 1-27　三相心式变压器的磁路系统

图 1-27a 中可以看出各相磁路彼此关联，由于磁路对称，中间铁心柱的磁通为 $\dot{\Phi}_U+\dot{\Phi}_W+\dot{\Phi}_V=0$，所以中间铁心柱可以省去，这样变成如图 1-27b 所示的形式。为便于制造和降低成本，经常将三相的三个铁心柱布置在同一个平面内，如图 1-27c 所示。在这种磁路中，中间相磁路最短、另外两相磁路较长。因此，在外加对称电压时，三相磁路电流也不等，中间相的磁路电流最小，但是由于励磁电流很小，它的不对称对变压器负载运行影响不大，可以忽略不计。

三相心式变压器具有材料消耗少、价格低、占地面积小和维护方便等优点，因此得到广泛的应用。但对容量很大的巨型变压器，为便于运输和减少备用容量，常用三相组式变压器。

2. 三相变压器的电路系统——联结组

（1）三相变压器绕组的联结法。三相绕组的联结法通常采用：星形联结，用 Y（或 y）表示；三角形联结，用 D（或 d）表示。由于普通变压器有一次、二次两套绕组，两边可以采用相同或不相同的联结法，因此可以出现多种不同的配合，通常有 Yy、Yd、Dy、Dd。其中 Y 联结当有中点引出线时用 YN 表示。

为了正确联结，在变压器绕组进行联结之前，必须将绕组的各个出线端点给予标志。高压绕组的首端通常用 U1、V1、W1 表示，末端用 U2、V2、W2 表示；高、低压绕组的中点分别用 O 或 o 表示。

（2）高、低压绕组中电动势的相位关系。在联结绕组之前，首先必须确定一次绕组、二次绕组中电动势之间的相位关系，即极性关系。对于单相变压器，一次绕组、二次绕组同时与铁心中的主磁通 Φ 相交链，在任意一个瞬间，若一次绕组的某一端点为高电位，则二次绕组也必有一个端点为高电位，则这两个对应的同极性端点就称为同极性端，又叫同名端。通常在这对应的两端点旁标以“*”或“ • ”。另外两个对应的端点也同样是同极性端。所以一次绕组、二次绕组中电动势的相位关系与是否同时命名为首端有关，如图 1-28 所示。图 1-28a 为同极性端命名首端时，一次绕组、二次绕组套在同一铁心上，两个绕组的绕向相同，这时 1 号出线端和 3 号出线端为同名端，1 号出线端和 4 号出线端为异名端；图 1-28b 中，两个绕组的绕向相反，则 1 号出线端和 4 号出线端为同名端，即为非同极性端命名首端时，一次绕组、二次绕组电动势反相位。

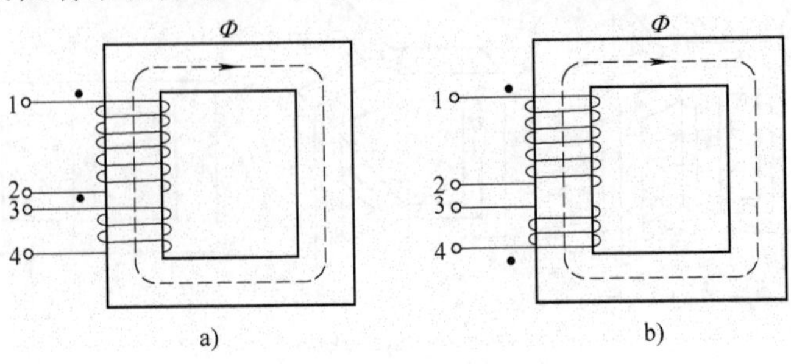

图 1-28 线圈的同名端

（3）三相变压器的联结组。为表示联结组的相位关系，我国国家标准上采用了时钟表示法的联结组标号予以区分，即把一次线电压相量当成长针，永远指向 12 点位置，相对应二次线电压相量为短针，它所指的钟点，就是联结组别的标号。下面介绍 5 种常用的联结组。

Y，yn0　　（一次侧星形联结，二次侧有中线的星形联结）

Y，d11　　（一次侧星形联结，二次侧三角形联结）

YN，d11　　（一次侧有中线的星形联结，二次侧三角形联结）

YN，y0　　（一次侧有中线的星形联结，二次侧星形联结）

Y，y0　　（一次侧星形联结，二次侧星形联结）

三相变压器的联结组标号不仅与绕组的绕向和首末端的标志有关，而且还与三相绕组的联结方式有关。下面以 Yy、Yd 两种接法为例来分析几种不同的联结组。

已知绕组接线法和同极性端时，确定变压器联结组标号的步骤如下。

1）画出变压器一次相电压的相量图。

无论一次绕组是 Y 或 D 联结，先画 U 相相电压 $\dot{U}_{1U}$ 的相量图，再根据对称三相交流电压的概念，即大小相等、频率相同、相位互差 120°，画出 V 相和 W 相的相电压 $\dot{U}_{1V}$、$\dot{U}_{1W}$ 的相量图（见图 1-29）。

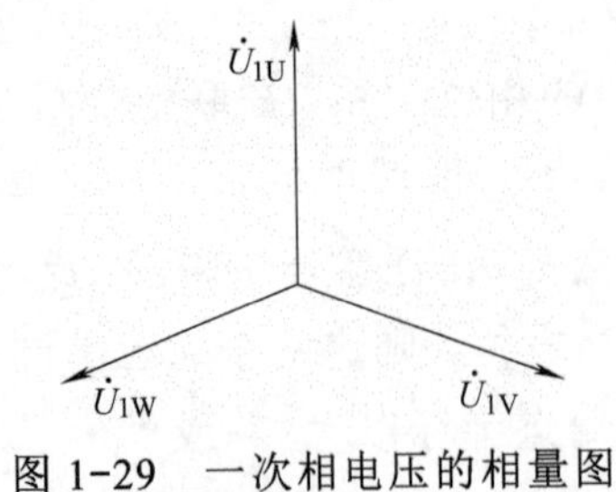

图 1-29 一次相电压的相量图

2）画出变压器二次相电压的相量图。

无论二次绕组是 Y 或 D 联结，二次相电压也是对称三相交流电压，但要根据变压器一次绕组、二次绕组之间的同名端画二次相电压的相量图（见图 1-30）。

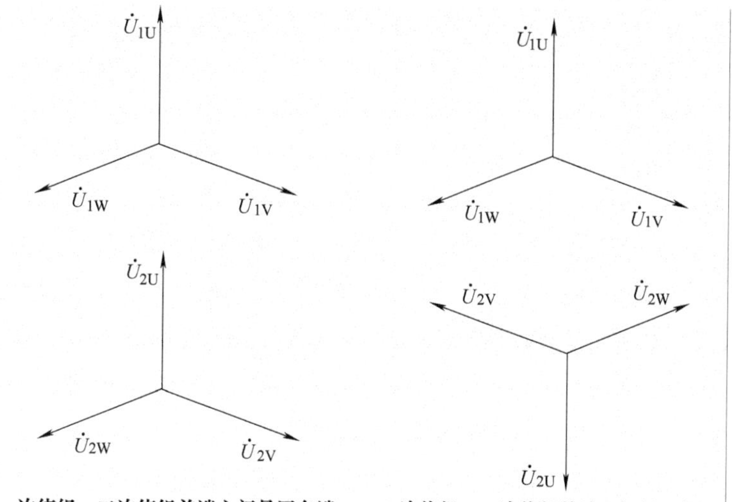

图 1-30 二次相电压相量图

3）画出变压器一次绕组、二次绕组线电压的相量图。

如果变压器一次绕组之间是 Y 联结：

一次线电压 $\dot{U}_{1U1V}$ 的相量是由相量 $\dot{U}_{1V}$ 的顶点指向相量 $\dot{U}_{1U}$ 的顶点，如图 1-31 所示。如果二次绕组也是 Y 联结，二次线电压 $\dot{U}_{2U2V}$ 的相量是由相量 $\dot{U}_{2V}$ 的顶点指向相量 $\dot{U}_{2U}$ 的顶点。

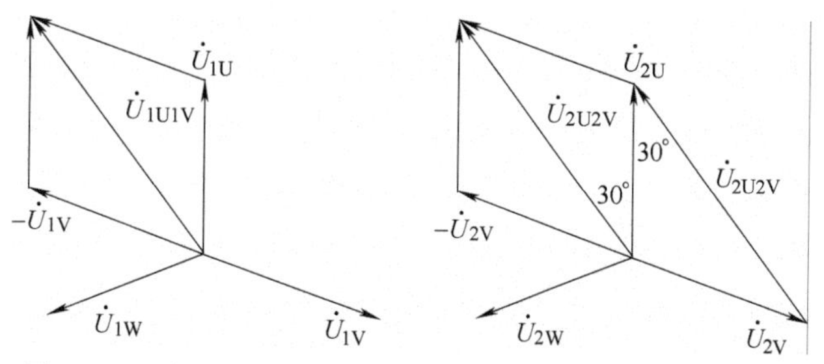

图 1-31 变压器一次绕组、二次绕组是 Y 联结的情况

如果变压器二次绕组之间是 D 联结：

如图 1-32 所示，顺接时三相绕组相序为 U—V—W—U（正序）。

如图 1-33 所示，反接时三相绕组相序为 U—W—V—U（逆序）。

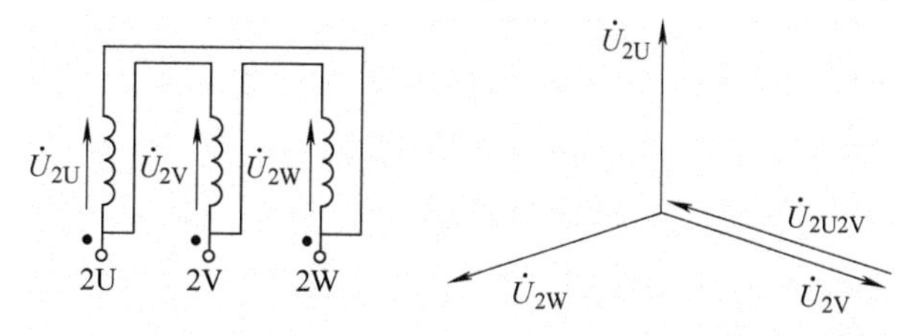

线电压 $\dot{U}_{2U2V}=-\dot{U}_{2V}$，相量 $\dot{U}_{2U2V}$ 与相量 $\dot{U}_{2V}$ 方向相反。

图 1-32 顺接的情况

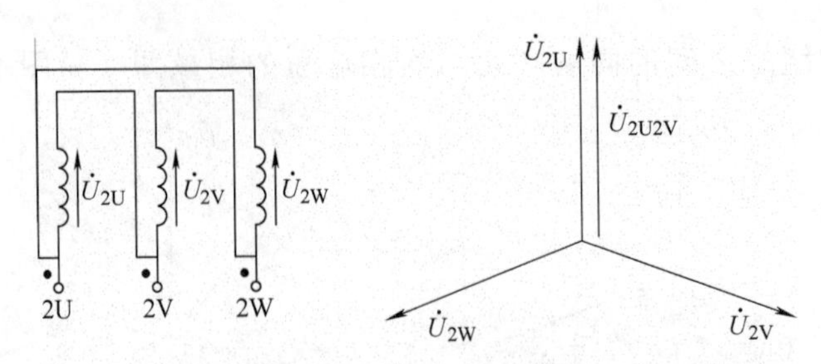

图 1-33　反接的情况

4）确定联结组标号。通过相量图确定变压器一次线电压$\dot{U}_{1U1V}$与二次线电压$\dot{U}_{2U2V}$的相位差。如果一次线电压$\dot{U}_{1U1V}$指在“12”点，则$\dot{U}_{2U2V}$所指钟点即联结组标号。

例 1-1　判断如图 1-34 所示变压器的联结组标号。

解

1）先画出变压器一次绕组的相电压的相量图。

2）根据变压器一次绕组、二次绕组的同名端，画出二次绕组的相电压的相量图。该例题中，因为一次绕组、二次绕组的首端与首端之间是同名端，所以二次绕组相电压与一次绕组对应相电压同相位（见图 1-35）。

3）画出变压器一、二次绕组上的线电压的相量图（见图 1-36）。

4）确定联结组标号。由相量图可以看到，$\dot{U}_{1U1V}$与$\dot{U}_{2U2V}$同相位，如果$\dot{U}_{1U1V}$是时钟的长针，指在 12 点上，则$\dot{U}_{2U2V}$为时钟的短针，也指在 12 点上（可以理解为 0 点），该变压器的联结组标号为 Y，y0。

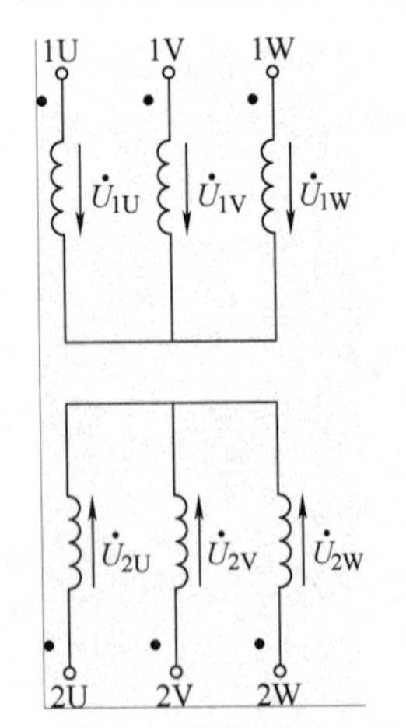

图 1-34　判断联结组标号

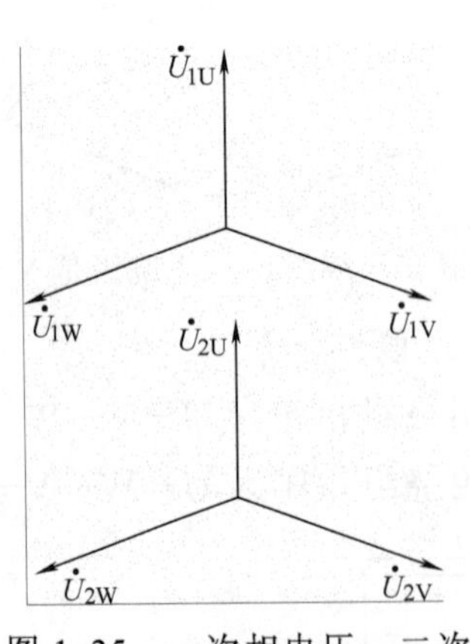

图 1-35　一次相电压、二次相电压相量图

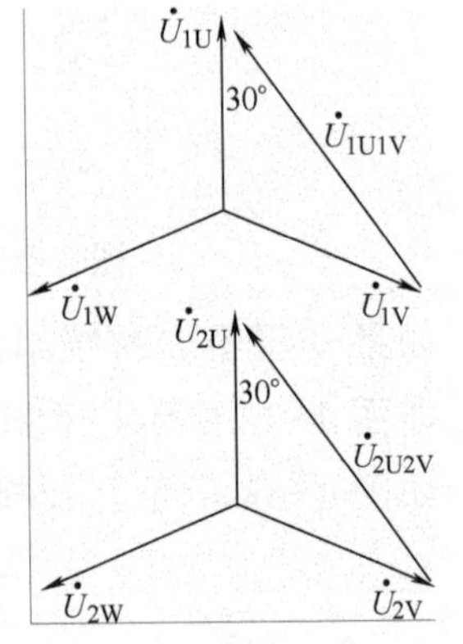

图 1-36　一次线电压、二次线电压相量图

（六）变压器的额定值

变压器的额定值又称铭牌数据，变压器的额定值主要有以下几个。

（1）额定容量 S_N。额定容量是指变压器的额定视在功率，单位 VA 或 kVA。

（2）额定电压 U_{1N}/U_{2N}（单位为 V 或 kV）。U_{1N} 是一次绕组所加电压额定值，U_{2N} 是当变压器加上 U_{1N} 时的二次绕组空载电压。三相变压器中，额定电压指线电压。

（3）额定电流 I_{1N}/I_{2N}。额定电流是根据额定容量和额定电压算出的一/二次电流额定值，单位 A。三相变压器中，额定电流指线电流。

额定容量、额定电压和额定电流之间的关系如下。

单相变压器　$S_N = U_{1N} I_{1N} = U_{2N} I_{2N}$

三相变压器　$S_N = \sqrt{3}\, U_{1N} I_{1N} = \sqrt{3}\, U_{2N} I_{2N}$

（4）额定频率 f_N。我国规定标准工业频率为 50Hz。

此外，在变压器铭牌上还标有：额定效率 r_N、温升 θ_N、联结组标号和接线图等。

例 1-2　一台三相油浸式铝线变压器，S_N =200kVA，U_{1N}/U_{2N} =10/0.4kV 求一/二次额定电流。

解

$$I_{1N} = \frac{S_N}{\sqrt{3}U_{1N}} = \frac{200\times10^3}{\sqrt{3}\times10\times10^3}\text{A} = 11.55\text{ A}$$

$$I_{2N} = \frac{S_N}{\sqrt{3}U_{2N}} = \frac{200\times10^3}{\sqrt{3}\times0.4\times10^3}\text{A} = 288.68\text{ A}$$

（七）其他用途的变压器

1．自耦变压器

（1）自耦变压器结构特点及工作原理。普通的双绕组变压器一次绕组、二次绕组之间只有磁的耦合而无电的联系，自耦变压器的特点在于其一次绕组、二次绕组不仅有磁的联系，还有电的直接联系，如图 1-37 所示。从图 1-37 中可以看出，这种变压器是将双绕组变压器的一次绕组、二次绕组串联起来作为新的一次绕组，而把整个绕组的部分作为二次侧向负载供电。

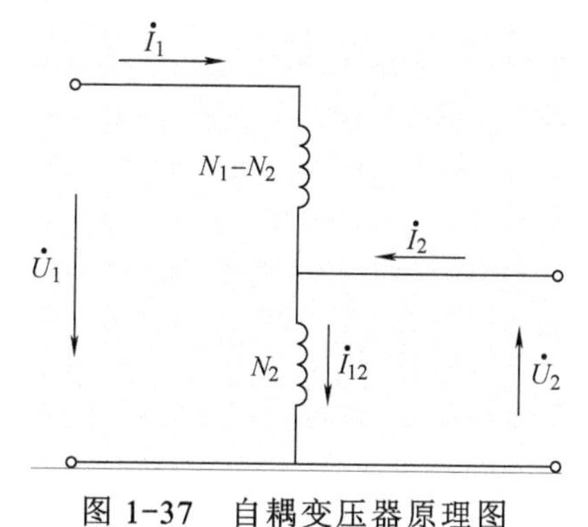

图 1-37　自耦变压器原理图

由于自耦变压器是由普通的双绕组变压器演变而来，所以它的工作原理和普通双绕组变压器工作原理相同，这里不再叙述。

（2）电压、电流以及容量关系。

1）电压关系。因自耦变压器也是利用电磁感应原理工作的，所以当一次绕组的两端加交变电压$\dot{U}_1$时，铁心中产生交变磁通，并分别在一次绕组、二次绕组中产生感应电动势。若忽略漏阻抗压降，则有

$$\left.\begin{aligned}\dot{U}_1 \approx \dot{E}_1 = -j4.44 f_1 N_1 \dot{\Phi}_m \\ \dot{U}_2 \approx \dot{E}_2 = -j4.44 f_2 N_2 \dot{\Phi}_m\end{aligned}\right\} \quad (1\text{-}11)$$

自耦变压器额定电压比为

$$K_a = \frac{E_1}{E_2} = \frac{N_1}{N_2} \approx \frac{U_1}{U_2} \quad (1\text{-}12)$$

2）电流关系。当自耦电压器负载运行时，一次绕组、二次绕组产生的磁动势和应等于励磁磁动势$\dot{I}_0 N_1$，即

$$N_1\dot{I}_1 + N_2\dot{I}_2 = N_1\dot{I}_0 \quad (1\text{-}13)$$

若忽略励磁电流，得

$$N_1\dot{I}_1 + N_2\dot{I}_2 = 0$$

则

$$\dot{I}_1 = -\frac{N_2}{N_1}\dot{I}_2 = -\dot{I}_2 / K_a \quad (1\text{-}14)$$

式（1-14）说明，一次绕组、二次绕组电流的大小与匝数成反比，在相位上互差180°。因此，公共绕组中的电流为

$$\dot{I}_{12} = \dot{I}_1 + \dot{I}_2 = -\frac{\dot{I}_2}{K_a} + \dot{I}_2 = \left(1 - \frac{1}{K_a}\right)\dot{I}_2 \quad (1\text{-}15)$$

在数值上

$$I_{12} = I_2 - I_1$$

或

$$I_2 = I_{12} + I_1 \quad (1\text{-}16)$$

式（1-16）说明，自耦变压器绕组公共部分的电流总是小于负载电流。

3）容量关系。自耦变压器的额定容量为

$$S_N = U_{1N} I_{1N} = U_{2N} I_{2N} \quad (1\text{-}17)$$

推导得

$$S_N = U_{2N}(I_{12} + I_{1N}) = U_{2N} I_{12} + U_{2N} I_{1N} \quad (1\text{-}18)$$

由此可见，自耦变压器的额定容量由两部分组成：一部分是通过绕组的公共部分的电磁感应作用从一次侧传递到二次侧再传给负载的电磁容量$U_{2N}I_{12}$；另一部分通过绕组串联部分的电流I_{1N}直接传导到负载的传导容量$U_{2N}I_{1N}$，它不需要增加绕组的容量，也就是说自耦变压器可以直接从电源吸取部分功率，这是普通双绕组变压器所没有的，因而这也是自耦变压器的特点之一。

（3）自耦变压器的主要优缺点。

变压器的硅钢片和铜线的用量，与绕组的额定感应电动势和通过的额定电流有关，即与绕组容量有关。当变压器的额定容量相同时，自耦变压器的绕组容量比普通双绕

组变压器的小。故所用有效材料少，成本低。有效材料的减少使得铜耗、铁耗以及励磁电流相应减少，效率高。由于自耦变压器的尺寸小，重量轻，便于运输和安装，占地面积也小。但是当自耦变压器的电压比 K_a 较大时，它的优越性就不显著了，K_a 越接近 1 其优点越显著。故 K_a 一般以不超过 2 为宜。由于自耦变压器的一次侧、二次侧有电的联系，因此需要加强内部绝缘和防过电压的措施。例如中点必须可靠接地，并且在一次侧、二次侧必须装上避雷器等保护装置。

自耦变压器除了应用在电力系统中一次电压、二次电压不大的场合外，在实验室中主要作为调压设备及三相异步电动机起动器（补偿器）的重要部件。

2. 仪用互感器

仪用互感器是一种测量用的设备，分为电流互感器和电压互感器两种，它们的工作原理与普通变压器相同。

使用互感器有两个目的：一是为了工作人员的安全，使测量回路与高压电网隔离；二是可以使用小量程的电流表、电压表分别测量大电流和高电压。互感器的规格有各种各样，但电流互感器二次额定电流都是 5A 或 1A，电压互感器二次额定电压都是 100V。

互感器除了可用于测量电流和电压外，还可用在各种续电保护装置的测量系统，因此它的应用极为广泛。下面分别介绍电流互感器和电压互感器。

（1）电流互感器。

图 1-38 是电流互感器的原理图，电流互感器的一次绕组匝数 N_1 少，导线粗，串接于被测线路中；二次绕组匝数 N_2 多，导线细，与内阻抗极小的电流表或功率表的电流线圈接成回路。因此电流互感器的运行情况相当于变压器的短路运行。

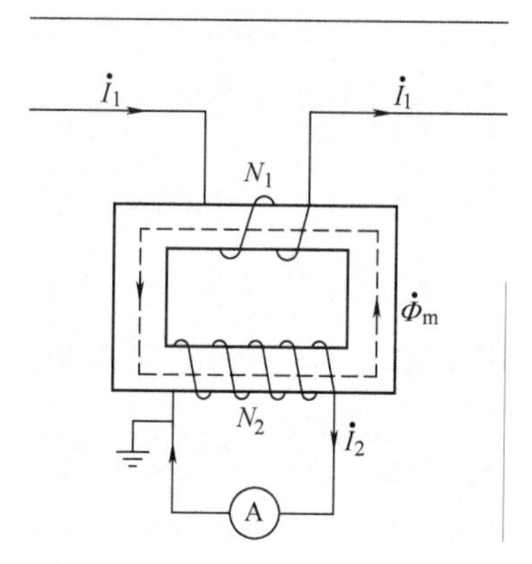

图 1-38　电流互感器的原理图

如果忽略励磁电流，由变压器的磁动势平衡关系可得

$$\frac{I_1}{I_2}=\frac{N_2}{N_1}=K_i \tag{1-19}$$

式中，K_i称为电流比，为一个常数。实际测量时，只需将电流互感器的二次电流大小乘上一个常数即为一次绕组被测电流的大小。量测I_2的电流表以K_iI_2来刻度，从表上直接读出被测电流。

由于互感器总有一定的励磁电流，故电流比只是近似一个常数，因此，把电流比按一个常数K_i处理的电流互感器就存在着误差。根据误差的大小，电流互感器分为下列各级：0.1、0.2、0.5、1.0、3.0、5.0。如0.5级的电流互感器表示在额定电流时误差最大不超过±0.5%。

使用电流互感器时须注意以下事项。

1）二次侧绝对不许开路。因为二次侧开路时，电流互感器处于空载运行状态，此时一次侧被测线路电流全部为励磁电流，使铁心中磁通密度明显增大，使得铁耗急剧增加，所以铁心过热甚至烧坏绕组；另一方面将使二次侧感应出很高电势，不但使绝缘击穿，而且还会危机工作人员和其他设备的安全。因此在一次侧电路各种故障时如需检修和拆换电流表或功率表的电流线圈，必须将电流互感器二次侧短路。

2）为了使用安全，电流互感器的二次绕组必须可靠接地，以防绝缘击穿后，电力系统的高压危及二次侧测量回路中的设备以及操作人员的安全。

为了可在现场不切断电路的情况下测量电流和设备能方便携带使用，把电流表和电流互感器合起来制造成钳形电流表（见图 1-39）。互感器的铁心做成钳形，可以张开，使用时只要张开钳咀，将待测电流的一根导线放入钳中，然后将铁心闭合，钳形电流表就会显示读数。

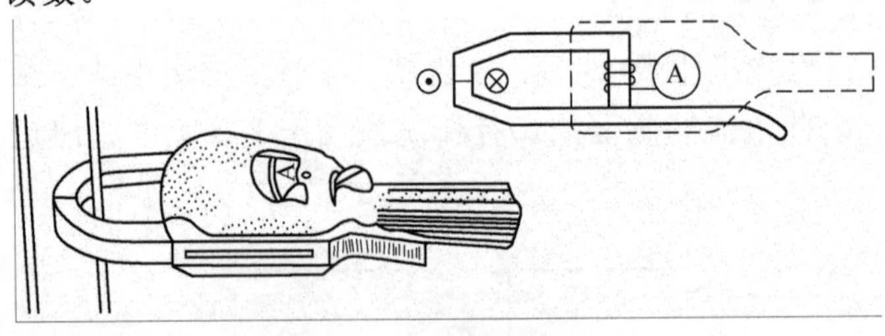

图 1-39　钳形电流表

（2）电压互感器。

图 1-40 是电压互感器的原理图。一次侧直接并联在被测的高压电路上，二次侧接电压表或功率表的电压线圈。一次绕组匝数N_1多，二次绕组匝数N_2少，由于电压表或功率表的电压线圈内阻抗很大，因此，电压互感器实际相当于一台二次侧处于空载状态的降压变压器。

如果忽略漏阻抗压降，则有

$$\frac{U_1}{U_2}=\frac{N_1}{N_2}=K_u$$

式中，K_u称为电压比，实际测量时，只需将电压互感器的二次电压数值乘上常数K_u，即为一次绕组被测电压的数值。测量 U_2 的电压表可按 $K_u U_2$ 来刻度，从表上直接读出被测电压。

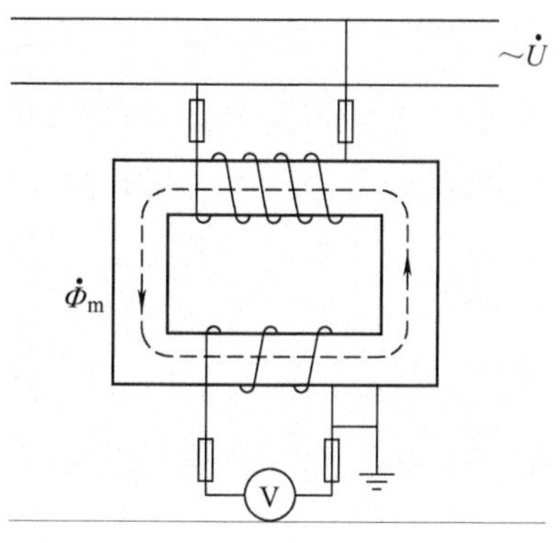

图 1-40　电压互感器的原理图

实际的电压互感器，一次、二次漏阻抗上都有压降，因此电压比只是近似一个常数，必然存在误差。根据误差的大小，电压互感器分为 0.1、0.2、0.5、1.0、3.0 几个等级。

使用电压互感器时须注意以下事项。

1）使用时电压互感器的二次侧不允许短路。电压互感器正常运行时是接近空载，如二次侧短路，则会产生很大的短路电流，绕组将因过热而烧坏。

2）为安全起见，电压互感器的二次绕组的一端连同铁心一起，必须可靠接地。

3）电压互感器有一定的额定容量，使二次侧不宜接过多的仪表，以免影响互感器的测量精度。

4）电压互感器的一次侧和二次侧都应加装熔断器。

二、变压器常见的故障及排除方法

（一）过热现象

变压器的主要热源是线圈和铁心。油浸变压器线圈和铁心中损耗所产生的热量先使变压器油加热，再传到油箱壁及散热装置，然后散入大气。在稳定运行时，线圈、铁心和变压器油都有一定的温升数值。

在额定的负载下的油浸变压器各部分的温升不应超过表 1-4 中的限值。

表 1-4　油浸变压器的温升限值

变压器部位		温升限值/K	测量方法
线圈	自然循环油	65	电阻法
	强迫循环油	65	
铁心表面		75	温度计法
与变压器油接触的结构件表面（非导电部分）		80	温度计法
油面		55	温度计法

一般情况下，电力变压器都经久带电，很少有机会对线圈进行温度测量，而变压器任何一处因故障而产生的热量，最终都反映到油的升温，因此从油温可判断变压器的发热情况。由于变压器不是经常满载运行的，在欠载的情况下，也有发生故障的可能，所以不能只从温升限度来监视变压器的运行，还要知道它在不同负载下的正常温升数据，才能推测运行是否正常。大多数变压器的负载是有规律的，日负载呈周期变化，有些月负载也有周期性，因此温升也有周期变化的特点。如果变压器在欠载的情况下，油温已达到满载的温度，虽然未达到最高允许温升，也认为变压器出现了过热现象，应找出原因。

另外还应注意，负载与温升的关系，在时间上有一滞后的关系。负载变动后要经过相当的时间，油温的变动才会显示出来。在自然通风的变压器中最高温度与最高负载的时差为 8～10h。

变压器油温反常是一种现象。通风受阻、表面进灰、油路阻塞、输入电压及电流波形严重畸变、匝间短路及铁心片间绝缘损坏等原因都会引起油温升高。如果发现油温较平时相同负载和相同冷却条件下高出 10℃时，应考虑变压器内部已发生了故障。

（二）线圈故障

1．匝间或层间短路

当线圈的导线绝缘或层间绝缘损坏时，少数线匝或层间一些线匝发生短路。被短路的线匝在交变磁通的作用下，产生短路电流，使油压上升，并使变压器油分解成气体，进入气体继电器。在故障规模还比较小时，气体继电器即可发出警报，或切断变压器的电流。

造成匝件或层间短路的原因可能有以下几方面。

（1）匝间或层间绝缘的自然损坏，或由于过载或散热不良，使线圈过热，造成绝缘老化，降低导线的机械性能并导致其破损。

（2）变压器油中含有腐蚀性杂质或水分，腐蚀并损坏了导线的绝缘。

（3）由于工作不慎，在制造或维护时线圈内夹有铜线、铁片及焊锡等导电体，或存在未被发现的缺陷。

（4）由于外部短路使线圈受力发生机械变形，造成匝间或层间绝缘的损坏。

为了确定是否发生匝间或层间短路，可分别测量每相线圈的直流电阻，比较所测数据有无明显差别。然后吊出器身，在线圈上施加不超过 15kV 的电压做空载试验。如有匝间或层间短路，短路匝间会发热冒烟，损坏处会明显扩大。如无法用小修补的办法消除故障，则应更换线圈。

2．断线事故

在变压器内部发生断路时其测量仪表指针摆动，断线处产生电弧，使变压器油分解，气体继电器内有灰黑色可燃气体，气体继电器动作，断开变压器两端开关使变压器停止运行。

断线事故一般可能是由于导线接头焊接不良，线圈引出线连接不良，匝间或层间短路后把线匝烧断或断线应力使线圈断裂。

发生断线事故后，首先应检查各相线圈的直流电阻，进行数值比较。然后吊出器身找出断线进行消除。

（三）主绝缘击穿

线圈的主绝缘是指低压线圈与铁心柱之间的绝缘，高、低压线圈之间的绝缘，相邻两高压线圈之间的相同绝缘线圈两端与铁轭之间的绝缘等。这些部位的绝缘被击穿后就相当于线圈接地或相间短路。一般主绝缘的击穿发生在靠近铁心柱和铁轭的地方。主绝缘被击穿主要是由于绝缘老化引起破裂或折断、变压器油受潮、油质变劣、线圈内落入异物、短路故障使绝缘受到损伤及各种过电压引起击穿等。

对于过电压击穿，当过电压消除后，新的油立即进入损坏的空间，又暂时隔绝了电流的通路。所以击穿后的绝缘并不一定会立即失去运行能力，但这里就形成了绝缘上的弱点。当再次出现过电压时，又在原处造成第二次击穿，造成绝缘性能的进一步劣化，直到最后发展成为短路故障，而使差动保护和过载继电器开始动作。

主绝缘击穿的处理办法是先测量绝缘电阻，再吊出器身更换有关绝缘，将器身烘干，将变压器油进行处理，祛除水分，过滤杂物。

当事故扩大到两相短路时，变压器发生较大声响，防爆管口爆破、向外喷油，各种保护环节全部动作，变压器停止运行。这时需要更换线圈。

（四）铁心故障

变压器铁心叠片表面是经过绝缘处理的。对片间绝缘良好的变压器铁心，涡流被限制在每片的内部，其引起的损耗是很小的。如果片间绝缘损坏，涡流损耗便会更大，损坏处的温度就会上升。由于温度的升高，又造成周围绝缘的迅速老化，直到片间短路，故障范围又进一步扩大，严重时能把叠片融化。融化的铁液一部分渗入片间间隙，一部分流到油箱底部形成小钢珠。

铁心局部融化的另外原因是铁心螺栓的绝缘损坏使叠片片间短路，以及铁心接地不正确引起环流和放电。

在铁心融化时温度很高，高温的钢液与变压器油接触后分解为气体。产生一定量的气体以后，气体继电器便会动作。当故障发展到相当严重时，油的温度就会显著升高，甚至冒烟，过载继电器就会动作。

铁心故障大多数发生在较大容量的变压器中，中小型变压器中较少发生。对烧熔不很严重的铁心，可用风动砂轮将熔化处刮锄，再涂上绝缘漆；对严重烧毁的铁心应送制造厂修理。

铁心通过接地片接地，只能有一个接地点。如果铁心有两点接地，便可能产生环流而烧毁铁心。如果铁心接地片断裂，变压器内部便可能产生轻微的放电。这时应吊出器身，修好接地片。

夹件松动会产生不正常的噪声，应吊出器身检查，并将夹件夹紧。

任务二
直流电动机的检修

电机是利用电磁感应原理进行能量转换的机械装置，功能是实现机电能量转换。直流电机是将直流电能转换成机械能或将机械能转换成直流电能。将直流电能转换成机械能的电机叫直流电动机，将机械能转换成直流电能的电机叫直流发电机。由于直流电动机具有优良的起动性能和调速性能，所以在电气传动系统中，尤其是对起动及调速性能要求较高的生产机械，一般都用直流电动机进行拖动。

学习目标

（1）能正确描述直流电动机的结构、工作原理等基本知识。

（2）能正确辨别直流电动机的各种励磁方式，并能描述其原理。

（3）能正确使用工具、仪表对直流电动机进行检测和参数测量。

（4）能正确使用电工常用工具，完成直流电动机的拆卸和装配。

（5）能根据任务要求，列出所需工具和材料清单，准备工具材料，合理制订工作计划。

（6）能按电工作业规程，在作业完毕后清理现场。

（7）能正确填写验收相关技术文件，完成项目验收。

任务描述

某煤矿矿用机车出现直流牵引电动机故障，对这台直流电动机按照操作规程要求拆卸、检测故障部位并进行维修。本任务以直流牵引机车为载体，主要介绍直流电动机的结构、原理、励磁方式以及简单检测和常见故障的处理方法。

任务实施

直流电动机虽然结构复杂，但由于其具有调速性能好、起动转矩大等优点，在起重机械、运输机械、冶金传动机构、精密机械及自动控制系统等领域均获得较广泛的应用。学生应该掌握直流电动机的拆卸、安装、和检修方法。

活动一　明确任务，制订计划

阅读任务书，以小组为单位讨论其内容，收集相关信息，完成以下引导问题。

（1）简述直流电动机的工作原理。

（2）简述直流电动机的结构及各部分的作用。

（3）简述直流电动机的铭牌与分类。

活动二 施工前的准备

结合以往所学的知识，查阅相关资料，搜集以下信息。

（1）直流电动机的拆卸和安装的步骤和方法。

（2）拆装直流电动机常用工具的使用方法。

（3）列出拆装、检修直流电动机所用到的工具、仪器仪表及材料清单（见表 2-1）。

表 2-1 工具、仪器仪表及材料清单

序 号	工具或材料名称	单 位	数 量	备 注

活动三　直流电动机的拆卸与检修

一、直流电动机的检测

使用绝缘电阻表等测试工具对直流电动机的主要参数进行检测，并做好记录（见表 2-2）。

表 2-2　直流电动机的检测

检 查 项 目	实 测 值	是 否 正 常
电枢绕组的绝缘电阻值		
电枢相邻换向片间绕组的直流电阻值，判断电枢绕组是否存在短路等故障		
测量电枢六片换向片间绕组的直流电阻值		
检查电刷与换向器接触面		
检查电刷压力、检查刷握及安装位置		

二、直流电动机的拆卸

认真分析观察直流电动机的定子和电枢的结构，看懂铭牌数据，掌握其工作原理；然后按以下步骤对直流电动机进行拆卸、装配和测试：①打开端盖及电刷，抽出电枢；②观察定子和电枢的结构；③组装直流电动机；④给直流电动机通电运行并测试相关数据。如图 2-1 所示，由于直流电动机的结构比交流电动机复杂，因此在拆卸过程中要注意做好标记，以方便恢复电动机原状，在拆装过程中要保护好电枢绕组的绝缘。

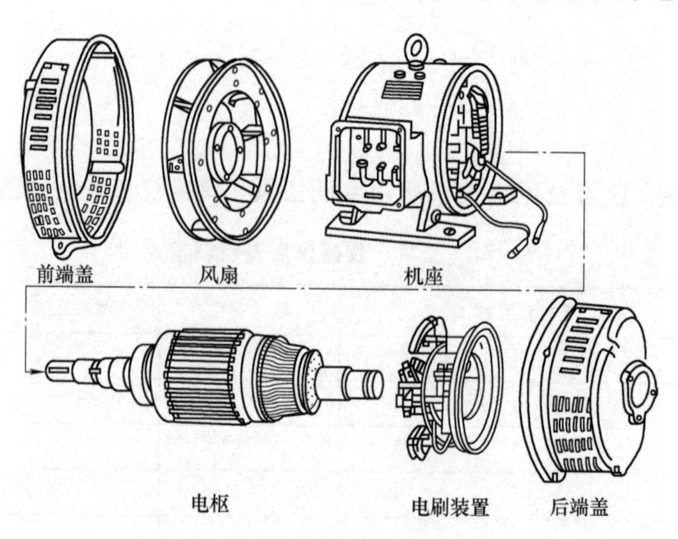

图 2-1　直流电动机拆卸分解图

【注意事项】

1）拆下刷架前，要做好标记，便于安装后调整电刷中性线位置。

2）抽出电枢时要仔细，不要碰伤换向器及绕组。

3）取出的电枢必须放在木架或木板上，并用布或纸包好。

4）拧紧端盖螺栓时，必须按对角线上下左右逐步拧紧。

5）拆卸前对原有配合位置做一些标记，以便于组装时恢复原状。

6）测量电阻时必须注意：应采用蓄电池或直流稳压电源；绕组中流过的电流一般不应超过绕组额定电流的 20%；电流表和电压表的读数应很快地同时读出。

三、直流电动机的检修

根据现场勘查以及前面的测试检查结果，查阅相关资料，分析故障原因，并说明判断过程及维修方法，记录在表 2-3 中。

表 2-3　直流电动机的检修

故障现象	故障判断的过程	故障原因	维修方法

四、直流电动机的装配

（1）直流电动机的装配过程中应注意哪些问题？

（2）装配完成后按要求对直流电动机进行检测试验，用绝缘电阻表或直流双臂电桥分别测量电枢绕组和励磁绕组对地的绝缘电阻以及直流电阻的值，根据测量结果分析判断绝缘电阻和直流电阻的值是否正常。

（3）详细记录项目验收过程中遇到的问题及整改措施。

活动四　成果展示与评价

任务结束后，各小组对活动成果进行展示，采用小组自评、小组互评、教师评价三种结合的评价体系。

一、展示评价

把个人制作好的产品先进行分组展示，再由小组推荐代表做必要的介绍。自己制作并填写活动过程评价自评表、活动过程评价互评表。

二、教师评价

教师根据学生展示的成果及表现分别做出评价，填写综合评价表（见表 2-4）。

表 2-4　综合评价表

评价项目		评价内容	配分	评价方式		
				自我评价	小组评价	教师评价
职业素养		（1）严格按《实习守则》要求穿戴好工作服、工作帽 （2）保证实习期间出勤情况 （3）遵守实习场所纪律，听从实习指导教师指挥 （4）严格遵守安全操作规程及各项规章制度 （5）注意组员间的交流、合作 （6）具有实践动手操作的兴趣、态度、主动积极性	30			
专业技能水平	基本知识	（1）常用仪表、工具的使用正确 （2）拆装和检修过程中步骤完整、判断正确，操作无误 （3）材料、工具选择适当	10			
	操作技能	（1）能按要求完成直流电动机的检修 （2）能有效处理检修过程中遇到的问题 （3）能对直流电动机主要参数进行检测	40			
	工具使用	（1）实验台、测量工具等的正确使用及维护保养 （2）熟练操作实习设备	10			
创新能力		学习过程中提出具有创新性、可行性的建议	10			
学生姓名			合计			
指导教师			日期			

相关知识

一、直流电机的主要结构

根据直流电机的工作原理可知，要实现机电能量转换，电路和磁场之间必须有相对运动。所以，旋转电机应由静止和旋转两大部分构成。直流电机的静止部分称为定子，旋转部分为转子。图 2-2 是一台小型直流电机的结构剖面图，下面对图中的主要结构部件分别进行简要的介绍。

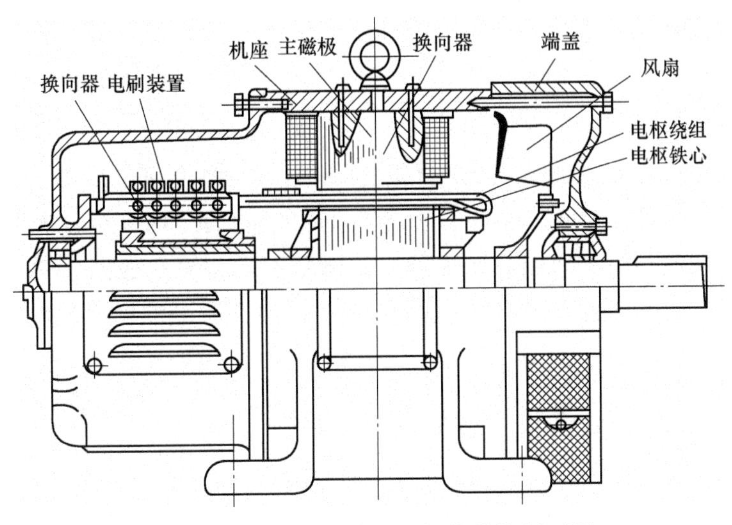

图 2-2　一台小型直流电机的结构剖面图

（一）定子部分

定子主要由主磁极、换向极、机座、电刷装置和端盖组成。

主磁极的作用是产生气隙磁场，它包括主磁极铁心和励磁绕组两部分。主磁极铁心一般用 1.0～1.5mm 厚的低碳钢板冲片叠压而成，上面套励磁绕组的部分称为极身，下面扩宽的部分称为极靴。极靴既可以使气隙中磁场分布比较理想，又利于励磁绕组的固定。在小型直流电机中，主磁极也可采用永久磁铁，它不需要励磁绕组，此类电机称为永磁直流电机。

换向极又称附加极，装在相邻主磁极之间的几何中心线上，其作用是改善换向。换向极由换向极铁心和换向极绕组两部分组成（见图 2-3）。换向极铁心可用整块钢制成，但大容量、高转速的换向极铁心通常用 1.0～1.5mm 厚的钢片叠压而成。换向极绕组需与电枢绕组串联。在 1kW 以下的小容量直流电机中，有时换向极的数目只有主磁极的一半，或不装换向极。

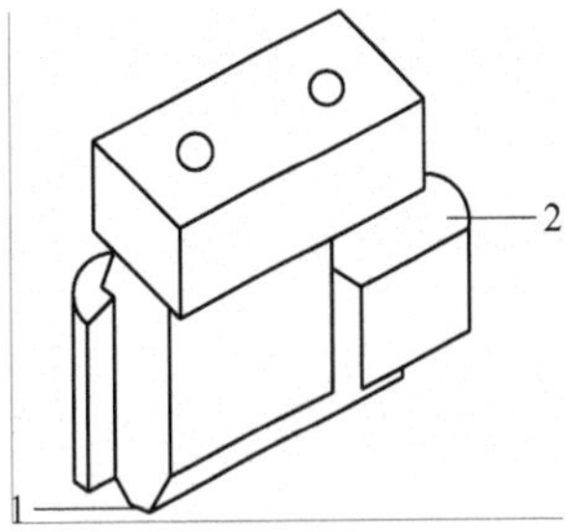

图 2-3　换向极

1—换向极铁心　2—换向极绕组

直流电机的机座既是磁的通路又起固定作用，机座中有磁通通过的部分称为定子磁轭。机座通常为铸钢件或由薄钢板冲片叠压而成。这样可以有较好导磁性，又能满足机械强度的要求。

电刷装置是直流电机的重要组成部分。电刷与换向器相配合，起到整流或逆变的作用。

（二）转子部分（又称电枢）

直流电机的转子是电机的转动部分，由电枢铁心、电枢绕组、换向器、电机转轴和轴承等部分组成。

电枢铁心是电机主磁路的一部分，而且用来嵌放电枢绕组。为了减少转子旋转时电枢铁心中的涡流损耗和磁滞损耗，电枢铁心通常用 0.5mm 厚的两面涂有绝缘漆的硅钢片叠压而成。叠成的铁心固定在转轴或转子的支架上。铁心的外缘开有电枢槽，用以嵌放电枢绕组。电枢绕组是直流电机的电路组成部分，能够产生感应电动势和电磁转矩，是实现机电能量转化的关键部件。在直流电机的电枢圆周上均匀地分布有许多线圈，每一个线圈的两个有效边，分别嵌放在相隔一定槽数的电枢铁心的两个槽中，如图 2-4 所示。每个线圈的首端与末端，按一定的规律分别与换向器上的两个换向片连接。

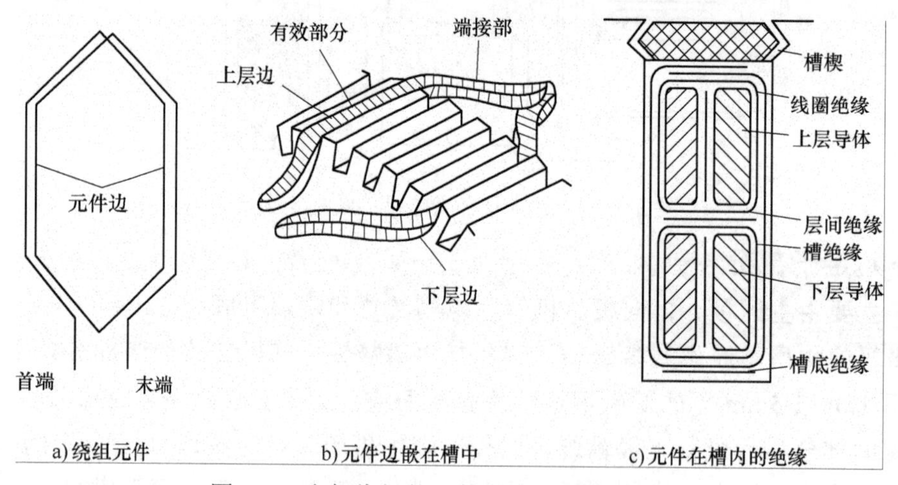

图 2-4　电枢绕组的元件及其在槽中的嵌放

换向器又叫整流子，对于发电机，换向器的作用是把电枢绕组中的交变电动势转变为直流电动势向外部输出直流电压；对于电动机，它是把外部供给的直流电流转变为交变电流，从而产生方向恒定不变的电磁转矩，确保电动机连续旋转。普通换向器的结构如图 2-5 所示。它是由许多彼此相互绝缘的铜换向片所组成。

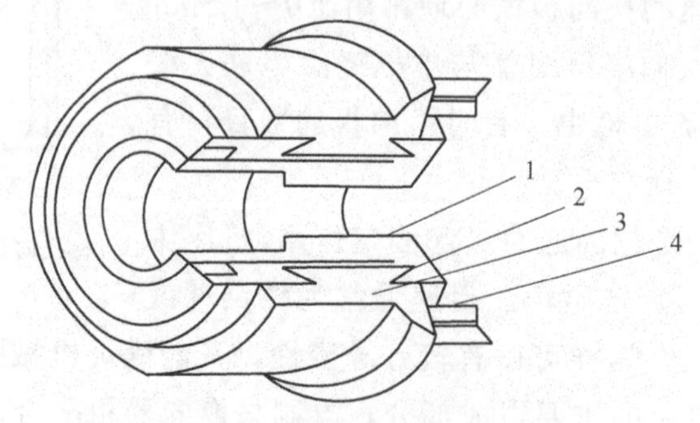

图 2-5　普通换向器的结构

1—V 形套筒　2—云母环　3—换向片　4—连接片

二、直流电动机的基本工作原理

图 2-6 是直流电动机的转动原理图。图中 N、S 为一对主磁极，通过直流电源励磁产生恒定磁场，励磁绕组未画出。电枢绕组只画了一个线圈，1、2 为两个换向片，与电枢绕组相连，A、B 两个电刷与外电路相连。直流电动机接通直流电源之后，电刷两端加了一个直流电压，A 刷为正，B 刷为负，换向片 1 与 A 刷相接触，直流电流 I_a 从 A 刷流入，经换向片 1、线圈 abcd、换向片 2 和电刷 B 流出，形成一个回路。利用左手定则，可以判断电枢绕组的 ab 边和 cd 边都受到电磁力的作用。如图 2-6a 所示，ab 边受到的力向左，cd 边受到的力向右，这一对儿力对电枢产生电磁力矩，使得电枢沿逆时针方向转动起来。

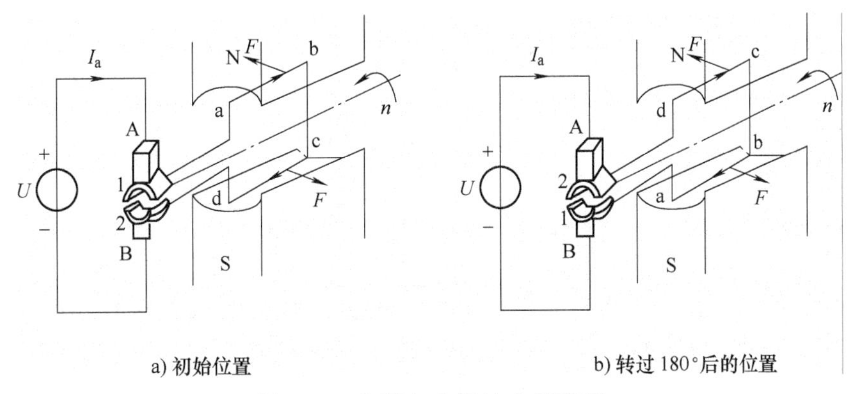

a) 初始位置　　b) 转过 180°后的位置

图 2-6　直流电动机转动原理图

如图 2-6b 所示，电枢转了 180° 之后，ab 边在下，cd 边在上，因为电刷不动，换向片与电枢一起转动，所以此时换向片 1 转到下方与 B 刷相接触，换向片 2 转到上方与 A 刷相接触，电源电流 I_a 从正极性端到 A 刷，经换向片 2、线圈 dcba、换向片 1，从电刷 B 流出，形成一个回路，此时，电枢绕组中的电流已经反向，根据左手定则可以判断，电枢的电磁转矩不变，仍然是逆时针方向，所以转轴旋转方向不变。以上分析表明，电刷和换向器的作用是将电源的直流电及时转换成交流电送给电枢绕组，以保证电枢的电磁转矩方向不变，电动机按一定方向旋转。

关于直流电动机工作有以下几点结论。

1）外施电压、电流是直流电，电枢线圈内电流是交流电。

2）线圈中感应电动势与电流方向相反。

3）线圈是旋转的，电枢电流是交变的，但电枢电流产生的磁场在空间上是恒定不变的。

4）产生的电磁转矩与转子转动方向相同，是驱动性质。

三、直流电机的额定值

为了使电机安全可靠地工作，并且有优良的运行性能，电机制造厂按照国家标准，根据电机的设计和试验数据而规定了每台电机的主要数据，称为电机的额定值。额定值一般标在电机的铭牌上，所以又称为铭牌数据。直流电机的额定值有以下几项。

1）额定容量 P_N，对于发电机而言，是指从发电机引出端输出的电功率；对电动机而言，是指从它转轴上输出的机械功率，单位 kW。

2）额定电压 U_N，是指额定状态下电机出线端的电压，单位 V。

3）额定电流 I_N，是指额定状态下电机出线端的电流，单位为 A。

4）额定转速 n_N，指电机在额定电压、额定电流和额定容量情况下运行时的电机转速，单位 r/min。

还有一些物理量的额定值，如额定效率 η_N，额定转矩 T_N，额定温升 τ_N 及额定励磁电流等，不一定都标在铭牌上。

额定功率与额定电压和额定电流的关系如下。

直流发电机
$$P_N = U_N \cdot I_N \times 10^{-3}\text{kW} \tag{2-1}$$

直流电动机
$$P_N = U_N \cdot I_N \cdot \eta_N \times 10^{-3}\text{kW} \tag{2-2}$$

在实际运行中，如果电机的电流小于额定电流，称为欠载或轻载；如果电流大于额定电流，称为过载或超载；如果电流恰好等于额定电流，称为满载运行。长期过载会使电机过热，降低电机的使用寿命，甚至损坏电机。长期轻载不仅使电机的设备容量得不到充分利用，而且会降低电机的效率。

四、直流电机的励磁方式

主磁极上励磁绕组通以直流励磁电流产生的磁动势称为励磁磁动势，励磁磁动势单独产生的磁场称为励磁磁场，又称为主磁场。励磁绕组的供电方式称为励磁方式。按励磁方式的不同，直流电机可以分为以下 4 类，如图 2-7 所示。

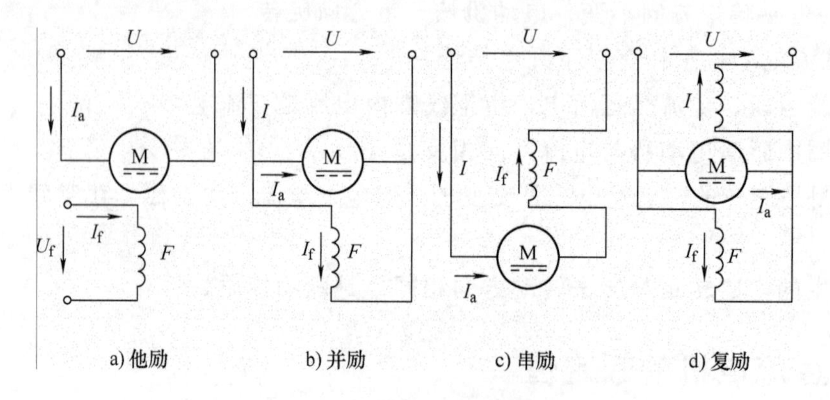

图 2-7　直流电机的励磁方式

1．他励直流电机

励磁绕组由另外直流电源供电，与电枢绕组之间没有电的联系，如图 2-7a 所示。永磁直流电机也属于他励直流电机，因为励磁磁场与电枢电流无关。图 2-7 中电流正方向是以电动机为例设定的。

2．并励直流电机

励磁绕组与电枢绕组并联，如图 2-7b 所示。励磁电压等于电枢绕组端电压。

上述两类电机的励磁电流只有电机额定电流的 1%～5%，因此励磁绕组的导线细而匝数多。

3．串励直流电机

励磁绕组与电枢绕组串联，如图 2-7c 所示。励磁电流等于电枢电流，即 $I_a=I_f$。因此励磁绕组的导线粗而匝数较少。

4．复励直流电机

每个主磁极上套有两个励磁绕组，一个与电枢绕组并联，称为并励绕组；另一个与电枢绕组串联，称为串励绕组，如图 2-7d 所示。两个绕组产生的磁动势方向相同时称为积复励，两个磁动势方向相反时称为差复励。目前绝大多数的复励电机都采用积复励的励磁方式。

直流电机的励磁方式不同，运行特性和适用场合也不同。

五、直流电动机性能分析

1．电枢电动势

直流电动机运行时，电枢绕组元件在磁场中运动切割磁力线产生电动势，称为电枢电动势。

$$E_a = C_e \Phi n \tag{2-3}$$

式中，$C_e=\dfrac{PN}{60a}$ 称为电动势常数，只与结构有关；Φ 为每极磁通，单位为 Wb；n 为电枢转速，单位为 r/min；E_a 为电枢电动势，单位为 V。

式（2-3）表明：对已制成的电动机，电枢电动势 E_a 与每极磁通 Φ 和电枢转速 n 成正比。

2．电磁转矩

根据电磁力定律，当电枢绕组中有电枢电流流过时，在磁场内将受到电磁力的作用，该力与电动机电枢铁心半径之积称为电磁转矩。

$$T=C_{\mathrm{T}}\Phi I_{\mathrm{a}} \tag{2-4}$$

式中，$C_{\mathrm{T}}=\dfrac{PN}{2\pi a}$称为转矩常数，亦与电动机结构有关；如果每极磁通 Φ 的单位为 Wb，电枢总电流 I_{a} 的单位为 A，则电磁转矩 T 的单位为 N·m。

式（2-4）表明：对已制成的电动机，电磁转矩 T 与每极磁通和电枢电流 I_{a} 成正比。

电动势常数 C_{e} 和转矩常数 C_{T} 都决定于电动机的结构数据，对于一台已制好的电动机，C_{e} 和 C_{T} 都是固定的常数，两者之间的关系为

$$\frac{C_{\mathrm{e}}}{C_{\mathrm{T}}}=\frac{60}{2\pi}\approx 9.55 \tag{2-5}$$

3．电磁功率

电磁转矩所传递的功率称为电磁功率。

$$P=T\omega=E_{\mathrm{a}}I_{\mathrm{a}} \tag{2-6}$$

4．功率、电压和转矩平衡方程式

（1）电压平衡方程式。

根据基尔霍夫电压定律，对如图 2-8 所示的电枢回路列直流电动机的电压平衡方程式。

$$U=E_{\mathrm{a}}+I_{\mathrm{a}}(R_{\mathrm{a}}+R_{\Omega}) \tag{2-7}$$

式中，R_{a} 为电枢回路电阻，包括电刷与换向器之间的接触电阻；R_{Ω} 是电枢回路中串接的附加电阻。

由式（2-7）可知，在电动机中，端电压 U 必大于反电动势 E_{a}。

（2）转矩平衡方程式。

直流电动机稳态运行时，作用在电动机轴上的转矩有 3 个。一个是电磁转矩 T，方向与转速 n 相同，是驱动性转矩；一个是电动机空载转矩 T_0，由电动机的机械摩擦及铁耗引起的转矩，因此是制动性转矩，方向与转速 n 相反；还有一个是轴上所带生产机械的转矩 T_2，即电动机轴上的输出转矩，一般也是制动性转矩，方向与转速 n 相反。当电动机稳态运行时，驱动转矩 T 必须与制动转矩（T_2+T_0）相平衡。因此，可以列出直流电动机稳态时的转矩平衡方程式为

$$T=T_2+T_0=T_{\mathrm{z}} \tag{2-8}$$

式中，$T_{\mathrm{z}}=T_2+T_0$ 为总负载转矩。

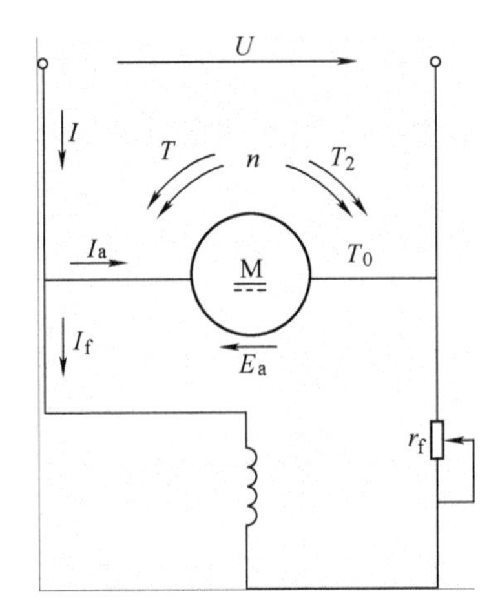

图 2-8　并励直流电动机

（3）功率平衡方程式（直流电动机的功率流图如图 2-9 所示）。

电磁功率：$P=P_2+\Delta P_0=P_2+P_{Fe}+P_\Omega$　　（2-9）

输入功率：$P_1=P_2+P_{Fe}+P_\Omega+P_{Cu}$　　（2-10）

效率：$$\eta=\frac{P_2}{P_1}\times100\%=\frac{P_2}{P_2+P_{Fe}+P_{Cu}+P_\Omega}\times100\% \qquad (2-11)$$

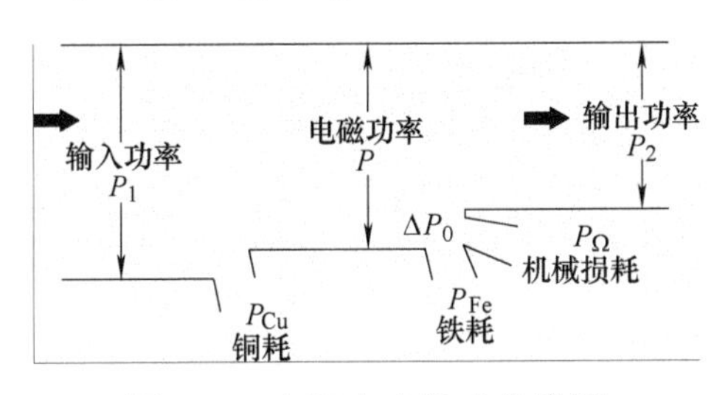

图 2-9　直流电动机功率流图

5．特性曲线

直流电动机的工作特性是指在一定的条件下，转速 n、电磁转矩 T 和效率 η 分别与电枢电流 I_a 的关系。直流电动机的工作特性因励磁方式的不同而有很大的差别，对于不同的励磁方式应分别予以讨论。

（1）他励（并励）直流电动机的工作特性。

1）转速特性。当 $U=U_N$，$R_\Omega=0$，$I_f=I_{fN}$（$\Phi=\Phi_N$）时，转速 n 与电枢电流 I_a 之间的关系称为转速特性。据式（2-7），$U=U_N$、$\Phi=\Phi_N$ 且 $R_\Omega=0$ 时有

$$n=\frac{U_N}{C_e\Phi_N}-\frac{R_a}{C_e\Phi_N}I_a=n_0-\frac{R_a}{C_e\Phi_N}I_a \qquad (2-12)$$

式中，$n_0=\frac{U_N}{C_e\Phi_N}$ 为 $I_a=0$（$T=0$）时的转速，称为理想空载转速。由于 $I_f=I_{fN}$ 不变，如果不计电枢反应的去磁作用，则 $\Phi=\Phi_N$ 不变，因而其特性 $n=f(I_a)$ 是一条下降的直线。

通常 R_a 很小，所以随 I_a 的增加，转速 n 下降不多，如图 2-10 所示；如果考虑电枢反应的去磁作用，当 I_a 增加时，磁通减少转速下降更少甚至可能上升，如图中虚线所示。

2）转矩特性。当 $U=U_N$、$R_\Omega=0$、$I_f=I_{fN}$ 时，转矩 T 与电枢电流 I_a 之间的关系称为转矩特性。当不计电枢反应去磁作用时，$\Phi=\Phi_N$ 不变，则

$$T = C_T\Phi I_a = C_T\Phi_N I_a = C_T' I_a$$

式中，$C_T' = C_T\Phi_N$ 为一常数。这时转矩特性为一条通过原点的直线。如果考虑电枢反应的去磁作用，当 I_a 增加时 Φ 将减少。使 T 也减少，特性如图 2-10 所示。

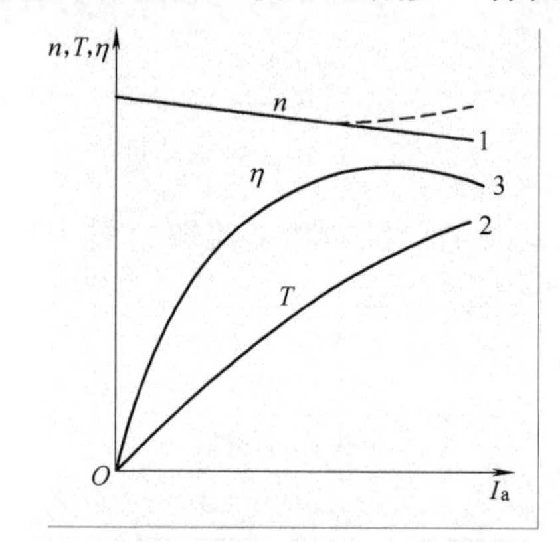

图 2-10　并励直流电动机工作的工作特性

1—转速特性　2—转矩特性　3—效率特性

3）效率特性。当 $U=U_N$，$R_\Omega=0$，$I_f=I_{fN}$ 时，效率 η 与电枢电流 I_a 之间的关系称为效率特性。根据效率定义可得

$$\eta = \frac{P_2}{P_1}\times 100\% = \left[1-\frac{P_{Cuf}+P_{Fe}+P_\Omega+P_\Delta+I_a^2R_a}{U(I_a+I_f)}\right]\times 100\%$$

$$\approx \left[1-\frac{P_{Cuf}+P_{Fe}+P_\Omega+P_\Delta+I_a^2R_a}{UI_a}\right]\times 100\% \tag{2-13}$$

式中，励磁损耗 P_{Cuf}、铁耗 P_{Fe}、机械损耗 P_Ω 以及附加损耗 P_Δ 可以认为不随负载而变化，称之为不变损耗。而电枢回路铜耗 $P_{Cua} = I_a^2 \cdot R_a$ 随负载时电枢电流的平方而变化，称之为可变损耗。可以画出效率 η 随 I_a 的变化曲线 $\eta=f(I_a)$，如图 2-10 所示。为了求出最大效率及所对应得电枢电流值，可令 $d\eta/dI_a=0$，得

$$P_{Cuf}+P_{Fe}+P_\Omega+P_\Delta = I_a^2 \cdot R_a \tag{2-14}$$

由此式可知，当电动机的不变损耗等于可变损耗时，其效率最高。效率特性的这个特点具有普遍意义，这一结论可以适用变压器、交流电机等。电机通常被制成当该机于额定状态时效率最高。

（2）串励直流电动机的工作特性。

1）转速特性。串励电动机的转速特性是指当 $U=U_N$，$R_\Omega=0$，且 $I_f=I_a$ 时 $n=f(I_a)$ 的关系曲线。如果磁路未饱和，主磁通 Φ 与励磁电流成正比，即 $\Phi=K_f \cdot I_f$。则

$$n=\frac{U_N}{C_e K_f I_a}-\frac{R_a'}{C_e K_f}=\frac{U_N}{C_e' I_a}-\frac{R_a'}{C_e'} \tag{2-15}$$

式中，$R_a'=R_a+R_\Omega$ 为串励电动机电枢回路总电阻；R_a 为串励绕组电阻；$C_e'=C_e K_f$ 为一常数；K_f 为比例系数。

据式（2-15）可得串励电动机的转速特性如图 2-11 所示。由图知，串励电动机转速随负载的增加而迅速降低，这是因为 I_a 的增加使 $I_a R_a'$ 和主磁通 Φ 增加的结果。串励电动机轻载或空载时，由于 $I_f=I_a$ 很小使主磁通 Φ 很小，要产生一定的反电动势 $E_a=C_e\Phi n$ 与端电压 U_N 相平衡，电动机的转速将很高，导致“飞车”现象，使电动机受到严重破坏。所以串励电动机不允许空载运行，也不允许用传动带等容易发生断裂或打滑的传动机构。

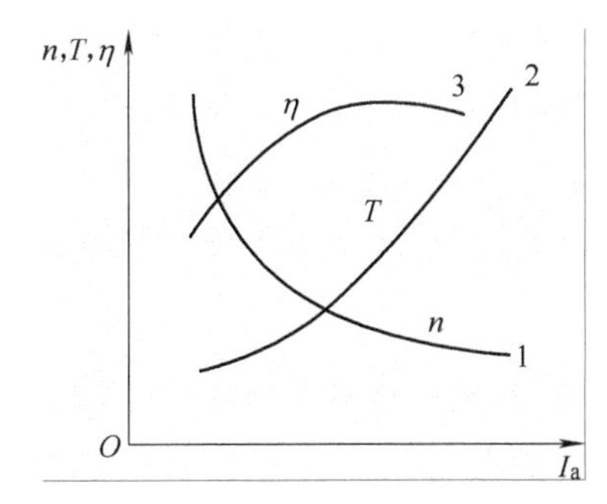

图 2-11　串励直流电动机的工作特性

1—转速特性　2—转矩特性　3—效率特性

2）转矩特性。串励电动机的转矩特性是指当 $U=U_N$，$R_\Omega=0$，且 $I_f=I_a$ 时 $T=f(I_a)$ 的关系曲线。如果磁路不饱和，则有

$$T=C_T\ K_f I_a I_a=C_T' I_a^2 \tag{2-16}$$

式中，常数 $C_T'=C_T \cdot K_f$。由此式可知，当磁路不饱和时，串励电动机的 $T \propto I_a^2$，其转矩特性如图 2-11 所示。即当 I_a 增加时，T 成平方关系增长。所以串励电动机有较大的起动转矩与过载能力。当负载很大时，$I_f=I_a$ 很大使磁路趋向饱和，这时接近不变，$T=f(I_a) \propto I_a$ 成为直线。

鉴于串励电动机的转速特性很软而在相同的电枢电流 I_a 下具有比他励（或并励）大得多的转矩的特点，串励电动机最适宜拖动诸如电力机车等牵引机械和重载起动的场合。

至于串励电动机的效率特性，与他（并）励电动机相似，这里不再重复。

3）复励直流电动机的工作特性。如图 2-12 所示，复励直流电动机的接线图。一般采用积复励，其转速特性介于串励直流电动机和并励直流电动机之间。如果是并励

绕组磁动势起主要作用，它的转速特性与并励电动机相接近；如果是串励绕组磁动势起主要作用，转速特性与串励电动机相接近。一般情况下积复励电动机的转速特性如图 2-13 中的曲线 3 所示，它有很高的起动能力和过载能力，可以在空载、轻载状态下运行。为了便于比较，图 2-13 同时画出串励、并励电动机的转速特性。

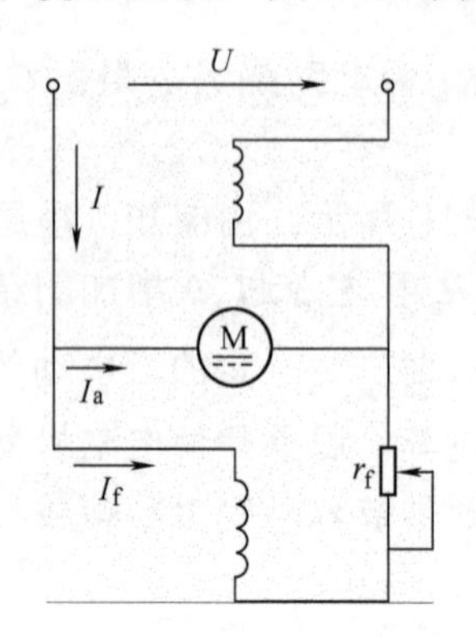

图 2-12　复励直流电动机接线图

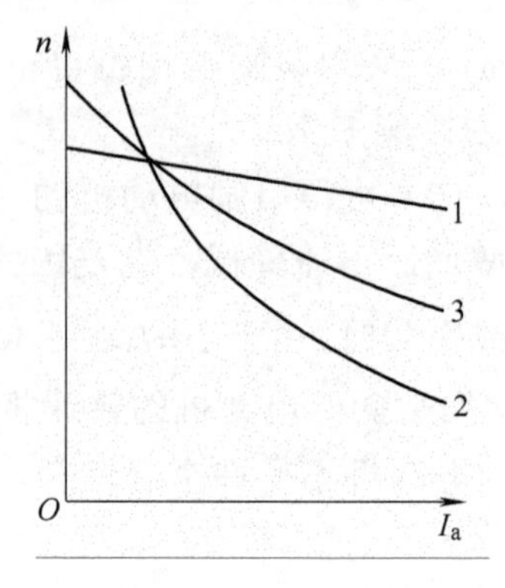

图 2-13　复励直流电动机的转速特性

1—并励　2—串励　3—积复励

（3）他励（并励）直流电动机的人为机械特性。

1）电枢回路串电阻的人为机械特性是一组放射形直线，都过理想空载转速点，如图 2-14 所示。

2）改变电枢电压 U 的人为机械特性是一组平行直线，如图 2-15 所示。

3）减少气隙磁通量的人为机械特性、改变每极磁通的人为机械特性，是既不平行又不呈放射形的一组直线，如图 2-16 所示。

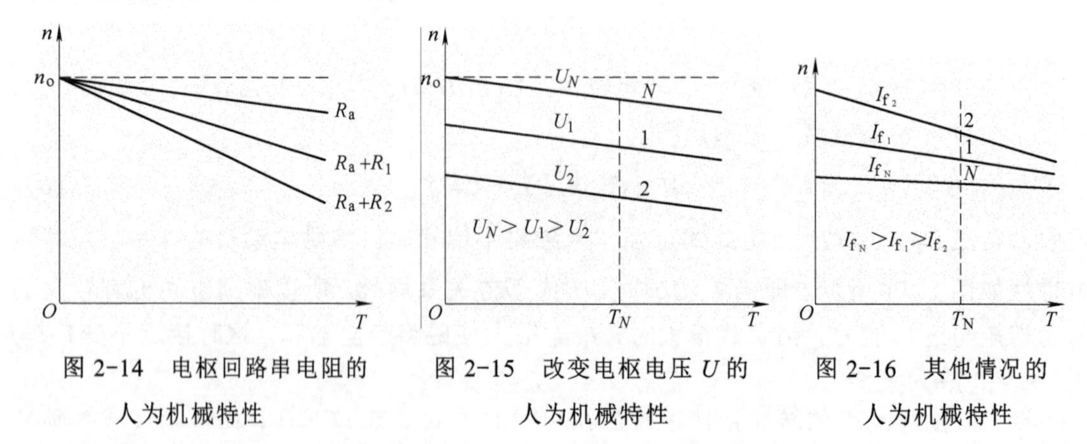

图 2-14　电枢回路串电阻的人为机械特性

图 2-15　改变电枢电压 U 的人为机械特性

图 2-16　其他情况的人为机械特性

六、直流电动机的运行

（一）直流电动机的起动

直流电动机由静止状态加速到正常运转的过程，称为起动过程。在刚起动瞬间，

转速 n=0，故反电动势 E_a=0，此时电枢电流必然很大，称为起动电流，用 I_{st} 表示。通常可达到额定电流的 10～20 倍，这样大的起动电流会引起电动机换向困难，并使供电线路产生很大的压降。因此除小容量电动机外，一般不允许直接起动。

为限制起动电流，可以采取以下措施。

1．电枢回路串变阻器起动

变阻器起动就是在起动时将一组起动电阻 R_{st} 串入电枢回路，以限制起动电流。待转速上升后再逐段将起动电阻切除，此法起动电流大小为

$$I_{st} \approx \frac{U}{R_a + R_{st}}$$

只要 R_{st} 的阻值选择得当，就能将起动电流限制在允许的范围内。通常以把起动电流限制在（1.5～2.5）I_N 的范围内来选择起动变阻器的电阻大小。一般 150kW 以下的直流电动机起动电流可取上限；150kW 以上的直流电动机则取下限。

变阻器起动用于各种中小型直流电动机，其缺点是变阻器比较笨重，起动过程中消耗很多电能。

2．减压起动

减压起动是在起动时通过暂时降低电动机供电电压的方法，来限制起动电流。减压起动一般只用于大容量起动频繁的直流电动机，并要有一套可变电压的直流电源。常见的发电机—电动机组就是采用减压起动方式来起动电动机的。其优点是：起动电流小，起动时消耗能量少，升速比较平稳。

（二）直流电动机的正、反转

直流电动机的电磁转矩是由主磁通和电枢电流相互作用而产生的，根据左手定则，任意改变两者之一，就可以改变电磁转矩的方向，所以，改变电动机转向的方法有两种：一是将励磁绕组反接；二是将电枢绕组反接。由于他励和并励电动机励磁绕组的匝数较多，电感较大，反向磁通的建立过程缓慢，所以，一般都采用改变电枢电流方向的办法来改变电动机的转向。

（三）直流电动机的调速

与交流电动机相比，直流电动机有良好的调速性能，这也是直流电动机的一个显著优点。直流电动机比较容易满足调速幅度宽广、调速连续平滑、损耗小、经济指标高等电动机调速的基本要求。

直流电动机的调速是指电动机在机械负载不变的条件下，改变电动机的转速。调速可采用机械方法、电气方法和机械电气配合的方法。

根据直流电动机的转速公式为

$$n \approx \frac{U - I_a R_a}{C_e \Phi}$$

由上可知，直流电动机有三种调速方法，即电枢回路串电阻调速、改变励磁磁通调速和改变电枢电压调速。

1．电枢回路串电阻调速

这种方法通过在直流电动机的电枢回路中串联一只调速变阻器来实现调速（见图2-17）。这种调速的特点如下。

1）设备简单，投资少，只需增加电阻和切换开关，操作方便。在小功率电动机中用得较多。

2）属于恒转矩调速方式，转速只能由额定转速往下调。

3）只能分级调速，调速平滑性差。

4）低速时，机械特性很软，转速受负载影响变化大，电能损耗大，经济性能差。

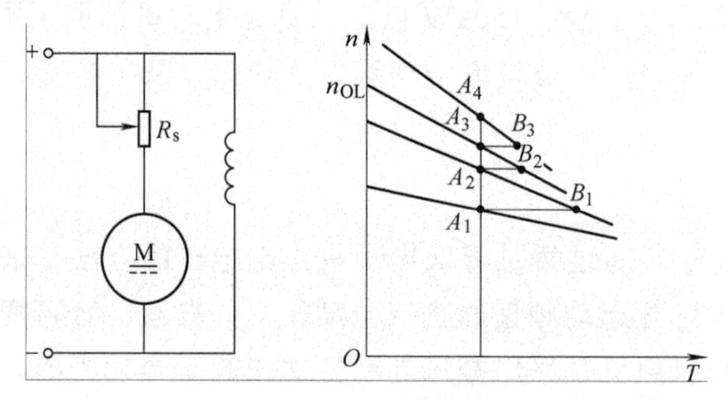

图 2-17　电枢回路串电阻调速电路及特性曲线

2．改变励磁磁通调速

这种方法通过改变励磁电流的大小来实现调速（见图 2-18）。这种调速的特点如下。

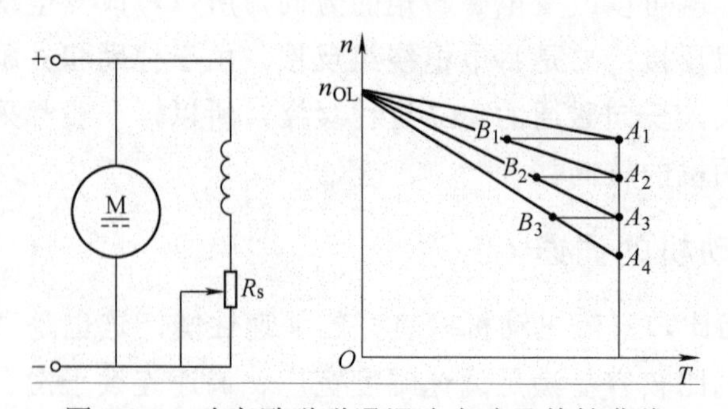

图 2-18　改变励磁磁通调速电路及特性曲线

1）调速在励磁回路中进行。功率较小，故功率损失小，控制方便。

2）速度变化比较平滑，但转速只能往上调，不能在额定转速以下进行调节。

3）调速的范围较窄，在磁通减少太多时，由于电枢磁场对主磁场的影响加大，会使电机火花增大、换向困难。

4）在减少励磁调速时，如负载转矩不变，电枢电流必然增大，要防止电流太大带来的问题，如发热、打火等。

3．改变电枢电压调速

这种方法使用可变直流电源来改变电枢电压实现调速（见图 2-19）。这种调速的特点如下。

1）改变电枢电压调速时，机械特性的斜率不变，所以调速的稳定性好。

2）电压可做连续变化，调速的平滑性好，调速范围广。

3）属于恒转矩调速。电动机不允许电压超过额定值，只能由额定值往下降低电压调速，即只能减速。

4）电源设备的投资费用较大，但电能损耗小，效率高，还可用于减压起动。

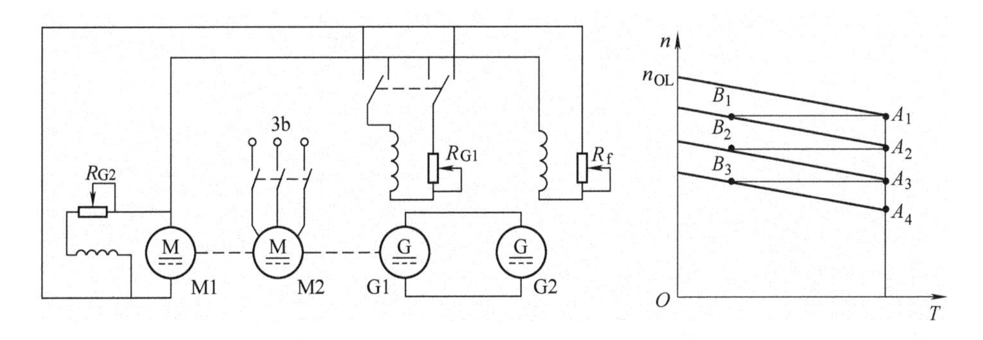

图 2-19　改变电枢电压调速电路及特性曲线

（四）直流电动机的制动

1．能耗制动

能耗制动是利用双掷开关将正常运行的电动机电源切断而将电枢回路串入适量电阻，如图 2-20 所示。进入制动状态后，电动机拖动系统由于有惯性而继续旋转，电枢电流反向，转矩也反向，其方向和转速方向相反，成为制动转矩，使电动机能很快地停转。

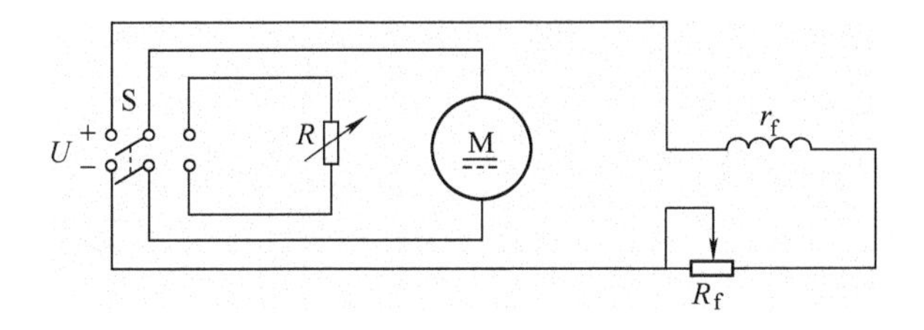

图 2-20　能耗制动

能耗制动的优点是所需设备简单，成本低，制动减速平稳可靠。其缺点是能量无法利用，白白消耗在电阻上发热；能耗制动的制动转矩随转速变慢而相应减少，制动时间较长。

2．反接制动

改变电枢绕组上的电压方向（使 I_a 反向）或改变励磁电流的方向（使ϕ反向），可以使电动机得到反力矩，产生制动作用。当电动机速度接近零时，迅速脱离电源。实现直流电动机的反接制动。

反接制动的优点是制动转矩比较恒定，制动较强烈，操作比较方便。其缺点是需要从电网吸取大量的电能，而且对机械负载有较强的冲击作用。它一般应用在快速制动的小功率直流电动机上，如图 2-21 所示。

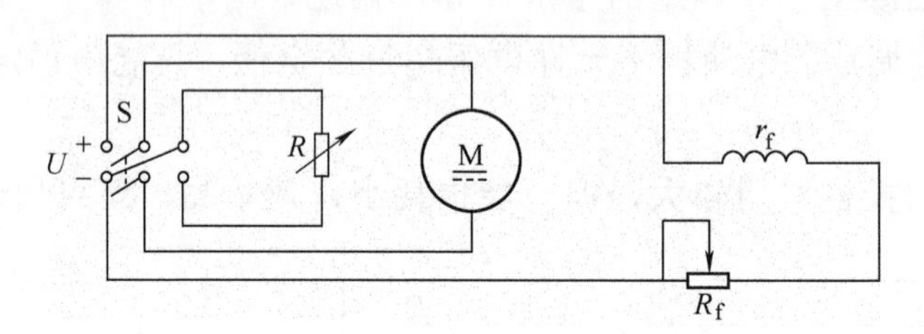

图 2-21　反接制动

3．再生制动

再生制动的特点是当 $n>n_0$ 则 $E_a>U$，I_a 与 E_a 同方向，T 与 n 方向相反，电机工作在发电状态，回馈能量给电源，经济性能比较好。

再生制动的优点是产生的电能可以反馈回电网中去，使电能获得利用，简便可靠而经济。缺点是再生制动只能发生在 $n>n_0$ 的场合，限制了它的应用范围。

七、直流电动机的拆卸

在拆卸直流电动机修理前，要先用仪表进行整机检查，查明绕组对地绝缘以及绕组间有无短路、断线或其他故障。针对问题，进行维修。为了缩短电动机的维修时间，可将绕组的维修和电动机机械零件的修理进行平行作业。

对装有滚动轴承的中小型直流电动机，其拆卸步骤如下。

1）拆除所有的外部连接线。

2）拆除换向器端的端盖螺钉和轴承盖螺钉，并取下轴承的外盖。

3）打开盖端的通风窗，从刷握中取出电刷，再拆卸接到刷杆上的连接线。

4）拆卸换向器端的端盖，取出刷架。

5）用厚纸或者布将换向器包好，以保持清洁及以免碰伤。

6）拆除轴伸端的轴承盖螺钉，将连同端盖的电刷从定子内抽出或吊出。

7）拆除轴伸端的轴承螺钉，取下轴承外盖及端盖轴承，若轴承无损坏则不必拆卸。

电动机的装配可按拆卸相反顺序进行。

八、直流电动机常见的故障及排除方法

直流电动机的故障是多种多样的，产生的原因较为复杂，并且相互影响。直流电动机在运行中，由于制造和安装使用及维护等原因，可能会出现机械和电气方面的故障。

下面简要介绍直流电动机常见的主要故障及其产生的原因和排除方法。

1．电动机不能起动

（1）可能的原因及检查和排除的方法（见表2-5）。

表2-5　电动机不能起动的原因及处理

可能的原因	检查和排除的方法
（1）电动机接线板的接线头接错	（1）应按接线重新接线
（2）起动器上接线错误或接触不良	（2）检查接线是否正确，电阻丝是否烧断，应重新接线或整修
（3）电路中熔丝烧断	（3）更换新熔丝
（4）电刷接触不良或换向器表面不清洁	（4）重新研磨电刷和检查刷握弹簧是否松弛或整理换向器云母槽
（5）起动电流太小	（5）起动电阻是否太大，应更换合适的起动器，或改接起动器内部线路
（6）起动时负载过大	（6）减少负载后再起动
（7）电刷位置移动	（7）重新校正中心位置
（8）电路两点接地	（8）用校灯或绝缘电阻表检查并排除接地点
（9）线路电压太低	（9）用电压表测量，提高电压后再起动
（10）直流电源容量过小	（10）起动时电路电压如明显下降，应更换直流电源
（11）轴承损坏或有杂物卡死	（11）停车后，拆开修理
（12）磁极螺栓未拧紧或气隙过小	（12）检查方法和（11）相同

（2）说明。

电动机不能起动有以下三种可能。

1）因电路不通所引起的不能起动，其原因如表2-5中（1）～（4）项，首先可在电枢回路中寻找原因。

2）电路接通后电流表上读数很大，但电枢仍不能转动，则可能属表2-5中（6）～（8），（11）～（12）中的原因，应迅速拉开电源，否则电动机绕组会过热甚至烧毁。

3）在通电后电动机稍转动一下，就停止，则可能属（5）、（7）、（9）及（10）项的原因，应分别检查和调整。

2．电动机转速不正常

（1）可能的原因及检查和排除的方法（见表2-6）。

表 2-6 电动机转速不正常的原因及处理

可能的原因	检查和排除的方法
（1）并励绕组断线	（1）励磁电流为零转速飞快，应拆开重新连接
（2）并励绕组极性接错	（2）励磁电流正常，转速快，可用指南针测量极性的顺序，并重新连接
（3）分励电动机串励（稳定绕组）接反	（3）起动时逆转后又顺转（串励匝数较少的无该种现象）
（4）起动绕组接反	（4）出现（3）的情况，有可能不起动，应交换起动绕组接线头
（5）分励电动机串励极性接错	（5）起动电流较大，负载转速过快，应拆开重接
（6）刷架位置不对	（6）调整刷架位置。需正反转的电动机，刷架的位置应设在中心线上
（7）气隙不符要求	（7）要拆开测量气隙加以调整
（8）外施电压不对	（8）用电压表测量，必须调整电压（额定值）
（9）电枢绕组短路	（9）转速变快，应迅速停车检修电枢

（2）说明。

电动机转速不正常有以下两种情况。

1）在电动机起动时如果出现转速快、线电流大及电刷上冒火花，其故障原因可能和表 2-6 中（1）～（6）项相似。

2）电动机在运行中转速快或慢，可按表 2-6 中（6）～（8）项检查，如上述各项检查均无误，可调整定子气隙。

3．电动机温升过高

可能的原因及检查和排除的方法（见表 2-7）。

表 2-7 电动机温升过高的原因及处理

可能的原因	检查和排除的方法
（1）长期过载	（1）电枢回路中的各绕组都会发热，将负载调至额定值
（2）不按规定运行	（2）必须按铭牌中规定值运行，“短时”“断续”的电动机不能长期运行
（3）斜叶风扇的旋转方向与电动机的旋转方向不配合	（3）使斜叶风扇的旋转方向要求与电动机旋转方向相配合
（4）风道阻塞	（4）用圆毛刷清理风道
（5）外通风量不够	（5）由于鼓风机的风量、风速不足，使电动机内部绕组热量无法排出，应更换通风设备

电动机在出厂试验中已做过温升试验，所以电动机在正常运转中是不会过热的。在应急情况下电动机允许短时过载，这时如果过热可采用外风扇冷却。

4．电枢过热

（1）可能的原因及检查和排除的方法（见表 2-8）。

表 2-8　电枢过热的原因及处理

可能的原因	检查和排除的方法
（1）电枢绕组（或换向叶片）短路	（1）用压降法测定，排除绕组短路点。如有严重短路的话，要拆除重新绕制
（2）电枢绕组中部分线圈的引线头接反	（2）用电压降法，找出绕组引线头接反处，以烙铁焊开换向器接线片，调整接头
（3）换向极接反	（3）调整换向极引出线头，消除换向火花
（4）定子、转子相擦	（4）检查定子磁极螺栓是否松脱或调整气隙
（5）电动机的气隙相差过大，造成绕组电流不均衡	（5）因电枢内有相当大的不均衡电流流过叠绕组的均压线，使它发热，故应调整气隙
（6）叠绕组电枢中均压线接错	（6）均压线中流过很大的电流，引起它发热，应拆开重新连接
（7）发电机负载短路	（7）负载电流很大，应迅速排除短路处
（8）电动机端电压过低	（8）电动机转速同时出现下降，应提高电压，直至额定值

（2）说明。

1）如属电枢内部故障，在一般情况下，只会在部分线圈中出现过热。如果故障特别严重，会使某一只线圈烧毁或变焦色。在应急时可以切除那只线圈（并以焊锡短路该线圈的换向片），电动机可以继续运行。

如果因均压线接错而使均压线发热时，可同时切除均压线使电动机继续运行。

2）如果因电枢外影响，发生过热可参见表 2-8 中（7）、（8）项进行处理。

5. 磁场线圈过热

（1）可能的原因及检查和排除的方法（见表 2-9）。

表 2-9　磁场线圈过热的原因及处理

可能的原因	检查和排除的方法
（1）并励磁场线圈部分短路	（1）可用电桥测量每个线圈的电阻，检查阻值是否相符或接近，电阻值相差较大的拆下重新绕接
（2）发电机气隙太大	（2）查看励磁电流是否过大，拆开调整气隙（即垫入或抽去铁皮）
（3）复励发电机负载时，电压不足，调整电压后励磁电流过大	（3）该电机串励线圈极性接反，串接线圈应重新接线
（4）发电机转速太低	（4）应提高转速

（2）说明。

磁场线圈在电机运行中过热后容易损坏，一般只要控制励磁电流，不使它超过额定值，就能保证磁场线圈的安全。

6．电动机漏电可能的原因及检查和排除的方法（见表2-10）

表2-10　电动机漏电的原因及处理

可能的原因	检查和排除的方法
（1）电刷灰和其他灰尘的累积	（1）刷杆及线头与机座端盖相接近的地方很容易累积灰尘，需要定期清理
（2）引出线碰壳	（2）电动机带电套体和机壳要以绝缘隔离
（3）绝缘电阻下降	（3）电动机因受潮后绝缘电阻低于规定值应加以烘干
（4）电动机绝缘老化	（4）电动机长期处于过热状态，绝缘老化或受外界化学气体的腐蚀，该绝缘已失去了应有的电气性能，应拆除绕组重新更换绝缘

7．其他情况可能的原因及检查和排除的方法（见表2-11）

表2-11　其他故障的原因及处理

可能的原因	检查和排除的方法
（1）出线头和连接出发热	（1）可能焊接不好或螺栓松动，应重新焊接或紧固螺栓
（2）电缆过热	（2）重新选用导线截面积大的电缆
（3）换向器发热	（3）可能是电刷压力太大或换向时有火花，应适当放松弹簧和消除火花
（4）风叶破裂	（4）电动机运转中风叶有异声，一般应拆开电动机进行检查，发现风扇破裂应调换，在紧急情况下可取下风扇继续使用，但机座外面必须另加风扇冷却

任务三
三相异步电动机的安装与检修

交流电动机分为异步电动机和同步电动机两大类。异步电动机具有结构简单、制造容易、价格低廉、运行可靠、维修方便和效率较高等一系列优点，因此，在工农业、交通运输、国防工业以及家用电器等领域得到广泛应用。

学习目标

（1）能正确使用常用的仪表和工具。

（2）能说出三相异步电动机的作用和种类。

（3）能分析与处理三相异步电动机的常见故障。

（4）能对三相异步电动机的参数进行测试。

（5）能完成一台三相异步电动机的拆卸和维护。

（6）能根据任务要求，列出所需工具和材料清单，准备工具材料，合理制订工作计划。

（7）能按电工作业规程，在作业完毕后清理现场。

（8）能正确填写验收相关技术文件，完成项目验收。

任务描述

对某车间的三相异步电动机进行拆卸、维护，在装配完成后对其参数进行相应测试。本任务以三相异步电动机的拆装为载体，引导学生了解三相异步电动机的结构、分类和工作原理；使学生熟悉三相异步电动机的拆装步骤和方法，明确三相异步电动机拆装过程中应该注意的问题。

任务实施

在对三相异步电动机进行大修和小修维护保养时，可能需要对电动机进行拆装。如果拆卸方法不正确，有可能损坏电动机的零部件，不仅使维修质量难以得到保证，而且会为今后电动机正常运行留下隐患。因此，学生如果要在今后的工作中具有对三相异步电动机进行维护保养的能力，首先要正确掌握电动机的拆卸和装配技术。

活动一　明确任务，制订计划

阅读任务书，以小组为单位讨论其内容，通过观察实物、查阅资料等方式收集相关信息，完成以下引导问题。

（1）描述三相异步电动机的工作原理。

（2）三相异步电动机由哪几部分组成？各部分的作用是什么？

（3）举例说明三相异步电动机的应用。

活动二　施工前的准备

通过观察实物，结合以往所学的知识，查阅相关资料，搜集以下信息。

（1）三相异步电动机的拆卸步骤和方法，在拆装三相异步电动机的过程中要注意的问题。

（2）三相异步电动机拆卸工具及测量仪表的使用方法。（参考图 3-1～图 3-3）

（3）在下表中列出拆装三相异步电动机所需的工具、仪表及材料清单（见表 3-1）。

表 3-1　工具、仪表及材料清单

序　　号	工具或材料名称	单　　位	数　　量	备　　注

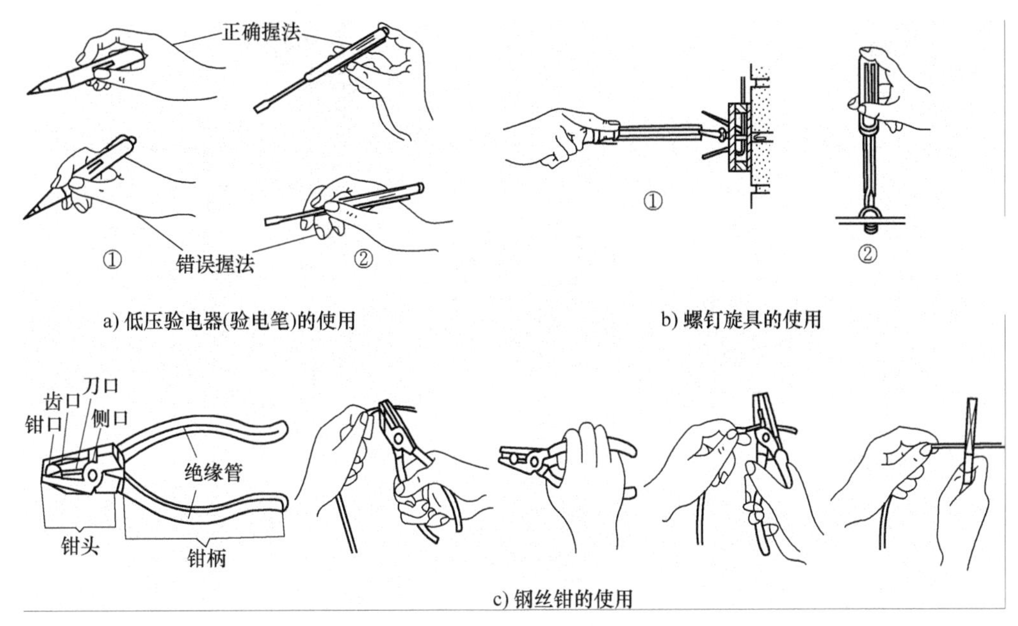

图 3-1　工具的使用

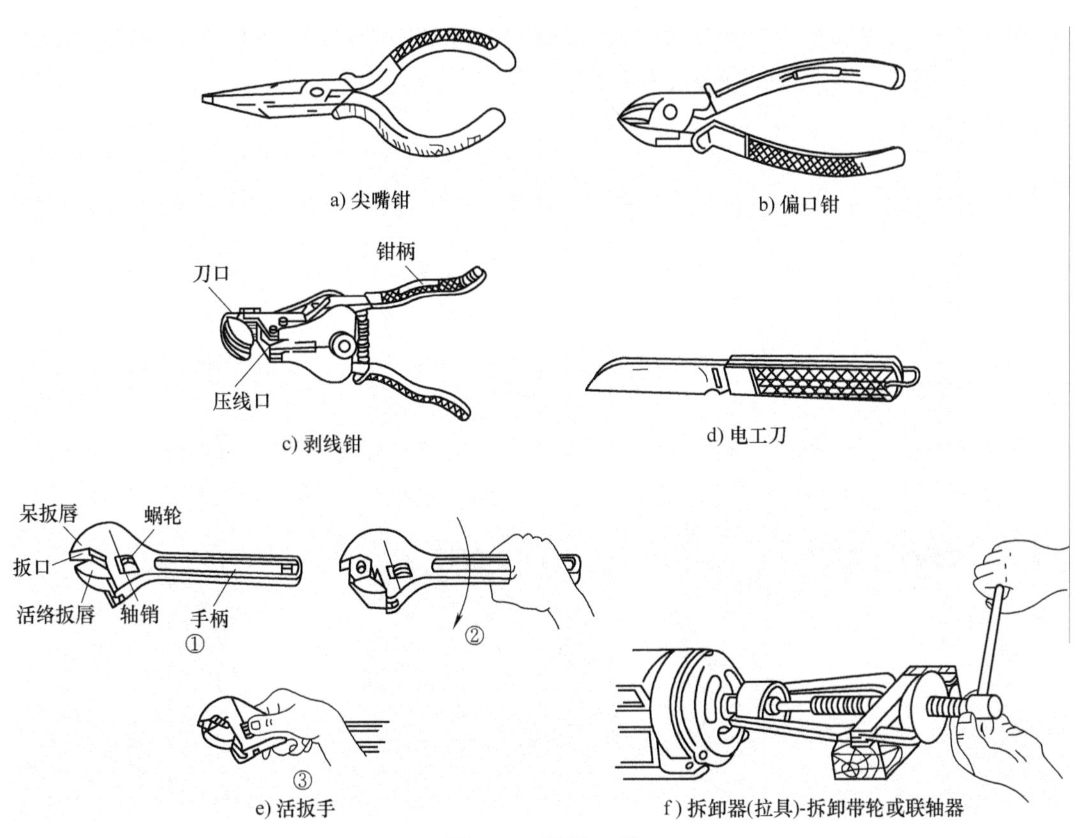

图 3-2　常用工具

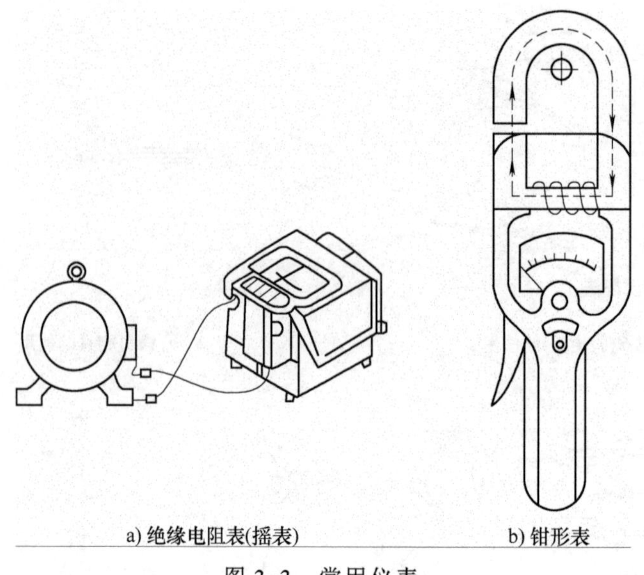

图 3-3 常用仪表

活动三 三相异步电动机的拆装

按要求完成电动机拆卸和安装，进行相应的检修和测试，并回答以下问题。

（1）三相异步电动机常见故障有哪些？怎样处理？

（2）在三相异步电动机在拆卸及检修过程中遇到了哪些问题？你是怎样处理的？

在拆卸前，应准备好各种工具，做好拆卸前记录和检查工作，在线头、端盖、刷握等处做好标记，以便于修复后的装配。三相异步电动机拆卸过程如图 3-4 所示。

a) 拆除风扇罩

图 3-4 三相异步电动机拆卸过程

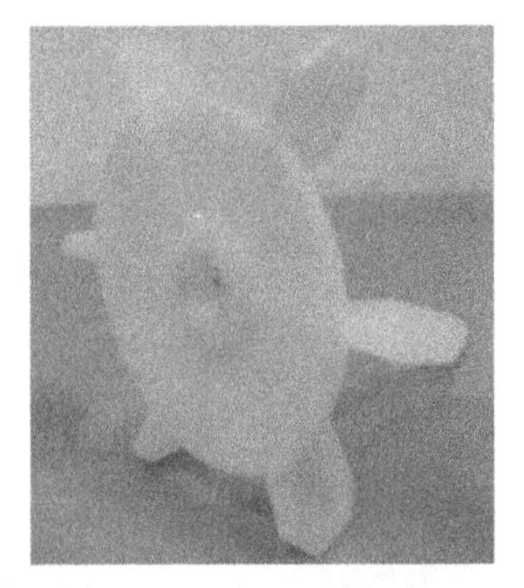

b) 拆除风扇叶

c) 拆卸右端盖

d) 拆卸左端盖

e) 抽出转子

图 3-4　三相异步电动机拆卸过程（续）

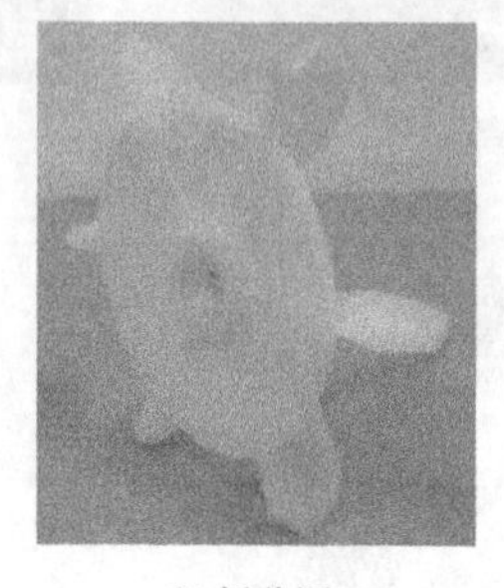

f）拆分图

图 3-4　三相异步电动机拆卸过程（续）

活动四　成果展示与评价

任务结束后，各小组对活动成果进行展示，采用小组自评、小组互评、教师评价三种结合的评价体系。

一、展示评价

把个人制作好的产品先进行分组展示，再由小组推荐代表做必要的介绍。自己制作并填写活动过程评价自评表、活动过程评价互评表。

二、教师评价

教师根据学生展示的成果及表现分别做出评价，填写综合评价表（见表 3-2）。

表 3-2　综合评价表

评价项目		评价内容	配分	评价方式		
				自我评价	小组评价	教师评价
职业素养		（1）严格按《实习守则》要求穿戴好工作服、工作帽 （2）保证实习期间出勤情况 （3）遵守实习场所纪律，听从实习指导教师指挥 （4）严格遵守安全操作规程及各项规章制度 （5）注意组员间的交流、合作 （6）具有实践动手操作的兴趣、态度、主动积极性	30			
专业技能水平	基本知识	（1）常用仪表、工具的使用正确 （2）拆卸过程中步骤完整，操作无误 （3）材料、工具选择、使用适当	10			

（续）

评价项目	评价内容		配分	评价方式		
				自我评价	小组评价	教师评价
专业技能水平	操作技能	（1）拆装完成的三相异步电动机符合设计要求 （2）能有效处理拆装与检修过程中遇到的问题 （3）能对三相异步电动机常见故障进行检修	40			
	工具使用	（1）实验台、测量工具等的正确使用及维护保养 （2）熟练操作实习设备	10			
创新能力	学习过程中提出具有创新性、可行性的建议		10			
学生姓名		合计				
指导教师		日期				

相关知识

一、三相异步电动机的基本工作原理

（一）基本工作原理

图3-5为一台三相笼型异步电动机的工作原理图。定子上有三相对称绕组 U1U2、V1V2、W1W2，它们在空间上互差120° 电角度。转子槽内放有导条，导体两端用短路环互相连接起来，形成一个笼形的闭合绕组。定子三相绕组可接成星形（图3-5b），也可以接成三角形。

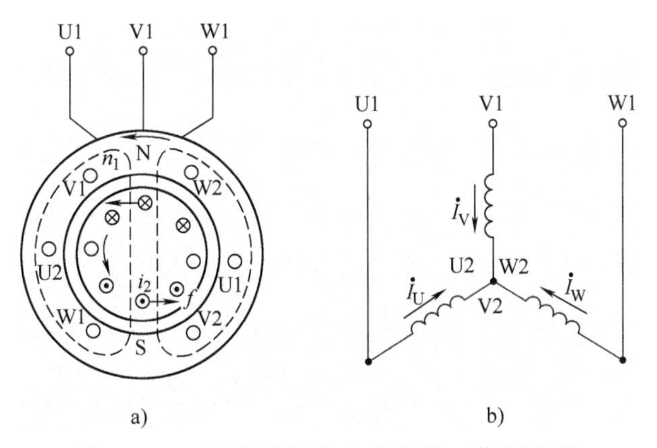

图 3-5　三相笼型异步电动机的工作原理图

当定子绕组施加三相对称电压后，绕组中便会有三相对称电流产生，在电动机的气隙中形成一个旋转的磁场，这个旋转磁场的转速 n_1 称为同步转速，它与电源频率 f_1 及电机的极对数 p 的关系如下：

$$n_1 = \frac{60 f_1}{p} \tag{3-1}$$

在图 3-5a 中，这个气隙旋转的磁场用磁极 N 和 S 来表示，且假设其转向为逆时

针方向。由于磁场切割转子导体，在转子导条中感应电动势 e_2，其大小为

$$e_2 = B_1 l \Delta v$$

式中，B_1 为转子导体所处的气隙磁通密度；l 为转子导条的有效长度；Δv 为转子导体对气隙磁场的相对切割的线速度。

e_2 的方向可由右手定则确定，如图 3-5a 所示。e_2 在转子绕组中产生电流 i_2，它与气隙磁场相互作用，使转子导条受到电磁力 f。f 的大小由式 $f=Bi_2l$ 决定，方向由左手定则确定，如图 3-5a 所示。f 将产生转矩 $T' = f\dfrac{D}{2}$，而转子所有导条所产生的转矩之总和即为转轴所受的电磁转矩 $T = \sum T'$。T 与旋转磁场 n_1 的方向一致。

在电磁转矩 T 的拖动下，转子沿着同步磁场 n_1 的方向转起来。但是，转子转速不可能达到 n_1。这是因为当 $n=n_1$ 时，转子导体对气隙磁场的相对切割速度 $\Delta v=0$，$e_2=0$，使得 $i_2=0$、$f=0$，即转子就要减速而使 $T=0$，所以 $n<n_1$。由于其转子转速低于同步转速 n_1，即 n 与 n_1 之间始终存在着差异，因而称其为异步电动机；又因这种电动机是靠电磁感应在转子中产生感应电流来工作的，故又称为感应电动机。

（二）转差率

同步转速 n_1 与转子转速 n 之差（$n-n_1$）和同步转速 n_1 的比值称为转差率，用字母 s 表示，即

$$s = \frac{n_1 - n}{n_1} \tag{3-2}$$

转差率 s 是三相异步电机的一个基本物理量，它反映三相异步电机的各种运行情况。对三相异步电动机而言，当转子尚未转动（如起动瞬间）时，$n=0$，此时转差率 $s=1$，当转子转速接近同步转速（空载运行）时，$n \approx n_1$，此时转差率 $s \approx 0$，由此可见，作为三相异步电动机，转速在 0～n_1 范围内变化，其转差率 s 在 0～1 范围内变化。

在正常运行范围内，转差率的数值很小，一般在 0.01～0.05 之间。

（三）三相异步电动机的三种运行状态

根据转差率的大小和正负，三相异步电动机有三种运行状态。

1. 电动机运行状态

当定子绕组接通电源后，转子就会在电磁转矩的拖动下旋转，电磁转矩即为拖动转矩，其转向与旋转磁场方向相同，如图 3-6b 所示，此时电动机从电网取得电功率转变成机械功率，由转轴传输给负载。电动机的转速范围为 $n_1>n>0$，其转差率范围为 $0<s<1$。

2. 发电机运行状态

三相异步电动机定子绕组接通电源，该电动机的转轴由一台原动机拖动，使它的转速高于三相异步电动机的同步转速即 $n>n_1$，$s<0$，并顺旋转磁场方向旋转，如图 3-6c

所示。显然，此时电磁转矩方向与转子转向相反，起着制动作用，为制动转矩。此时电动机从原动机吸收机械功率，并把机械功率转变为电功率输出，即工作在发电机运行状态。此时 $n>n_1$，则转差率 $s<0$。

3. 电磁制动状态

三相异步电动机定子绕组仍接通电源，并用原动机拖动电动机逆着旋转磁场的旋转方向转动，即 $n<0$，$s>1$，如图 3-6a 所示。此时电磁转矩与电动机旋转方向相反，起制动作用。电动机定子仍从电网吸收电功率，同时转子从外力吸收机械功率，这两部分功率都在电动机内部以损耗的方式转化成热能消耗掉。这种运行状态称为电磁制动运行状态。

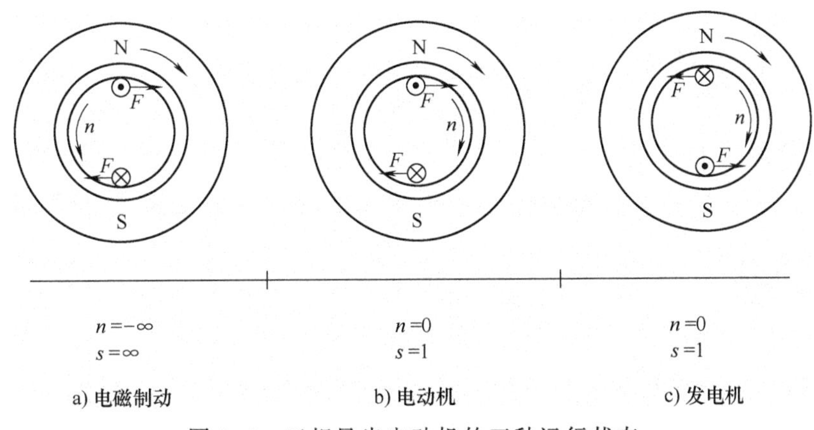

图 3-6　三相异步电动机的三种运行状态

二、三相异步电动机的结构

图 3-7 所示的是一台三相笼型异步电动机的结构拆分图。其主要部件介绍如下。

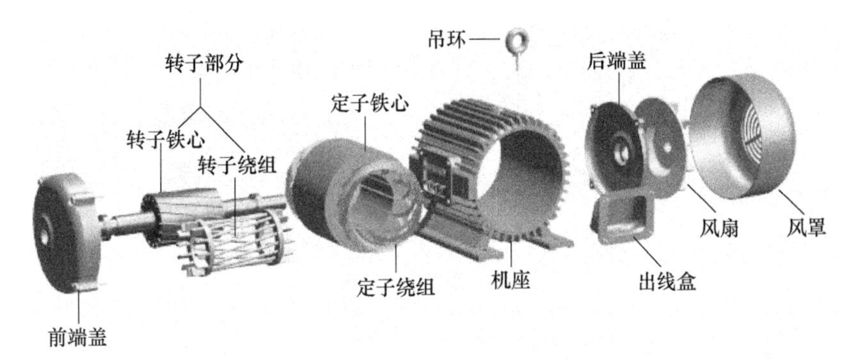

图 3-7　三相笼型异步电动机的结构拆分图

1. 定子

三相异步电动机的定子由定子铁心、定子绕组、机座等组成。

定子铁心的作用是作为电动机磁路的一部分和嵌放定子绕组。为了减少涡流损耗和磁滞损耗，定子铁心用 0.5mm 厚的硅钢片叠压而成，而且在硅钢片的两面涂以绝缘漆。为了安放定子绕组，在定子铁心内圆开有槽。

定子绕组是电动机定子部分的电路，它是由许多嵌在定子槽内的线圈按一定的规律连接而成。线圈与铁心槽壁之间隔有槽绝缘，以免电动机运行时绕组对铁心出现击穿或短路故障。容量较大的三相异步电动机采用双层绕组，小容量三相异步电动机则常采用单层绕组。

机座的作用是固定与支撑定子铁心，故要求它有足够的机械强度和刚度。中、小型电动机一般采用铸铁机座，而大容量三相异步电动机采用钢板焊接机座。

2. 转子

三相异步电动机的转子由转子铁心、转子绕组和转轴组成。

转子铁心的作用也是组成电动机磁路的一部分和嵌放转子绕组。它也用 0.5mm 厚的冲有转子槽形的硅钢片叠压而成。中、小型异步电动机的转子铁心一般都直接固定在转轴上，而大型异步电动机的转子铁心则套在转子支架上，然后让支架固定在转轴上。

转子绕组构成转子电路，其作用是流动电流并产生电磁转矩。按其结构类型可分为笼型转子和绕线式转子两种。

（1）笼型转子。这种转子是在转子铁心的每个槽内放入一根导体，在伸出铁心的两端分别用两个导电端环把所有的导条连接起来，形成一个自行闭合回路。如果去掉铁心，剩下来的绕组形状就像一个鼠笼，所以称之为笼型转子，如图 3-8 所示。对于中、小型异步电动机，笼型转子一般采用铸铝，将导条、端环和风叶一次铸出。笼型转子无须集电环、又无绝缘，所以结构简单、制造方便，成本低，运行可靠。

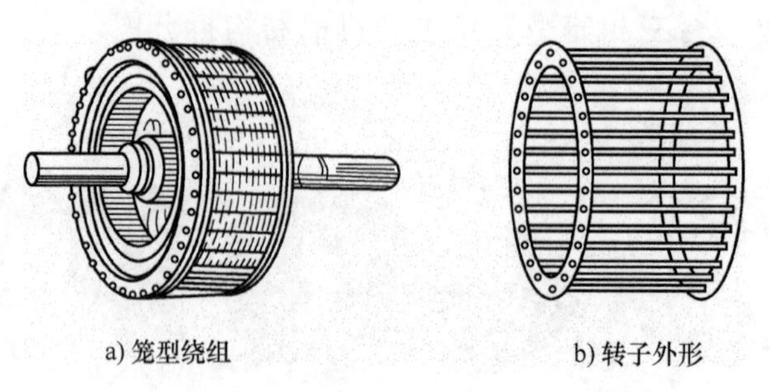

a) 笼型绕组　　b) 转子外形

图 3-8　笼型转子结构

（2）绕线式转子。这种转子绕组与定子绕组相似，是嵌于转子铁心槽内的三相对称绕组，如图 3-9 所示。它接成星形后，其三根引出线与外部电路接通，如图 3-10 所示。主要优点是可以通过集电环和电刷给转子回路串入附加电阻，以改善电动机的起动性能及调速性能。缺点是结构复杂，价格贵，维修麻烦。

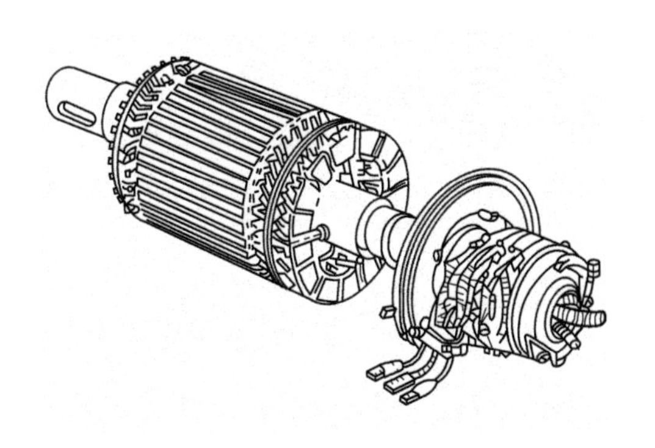

图 3-9　绕线式转子结构

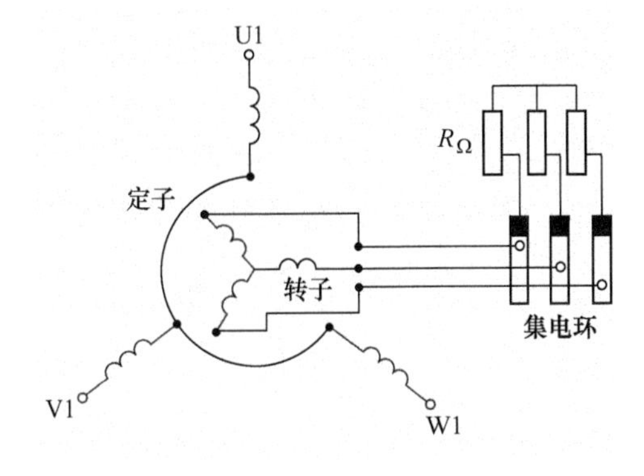

图 3-10　绕线式转子异步电动机的连接示意图

3．三相异步电动机的气隙

三相异步电动机定子与转子之间的气隙比同容量直流电动机的气隙小得多，一般仅为 0.2～1.5mm。气隙的大小对电动机的运行性能影响极大。气隙大，则由电网供给的励磁电流（滞后的无功电流）大，使电动机的功率因数降低。但是气隙过小时，将使装配困难；运行不可靠；高次谐波磁场增强，从而使附加损耗增加以及使起动特性变差。

三、额定数据

三相异步电动机和直流电动机一样，机座上都有一个铭牌，铭牌上标注着额定数据。这些数据主要有以下几个。

1）额定功率 P_N，指电动机在额定运行时轴上输出的机械功率，单位为 kW。

2）额定电压 U_N，指额定运行时加在定子绕组上的线电压，单位为 V。

3）额定电流 I_N，指电动机定子绕组加额定频率的额定电压，轴上输出额定功率时，定子绕组的线电流，单位为 A。

4）额定频率 f_N，我国规定标准工业用电的频率为 50Hz。

5）额定转速 n_N，指电动机定子加额定频率的额定电压，且轴上输出额定功率时转子的转速，单位为 r/min。

6）额定功率因数 $\cos\varphi_N$，指电动机在额定运行时定子边的功率因数。

对三相异步电动机有

$$P_N = \sqrt{3}U_N I_N \cos\varphi_N \eta_N \times 10^{-3} \tag{3-3}$$

式中，η_N 为额定运行时的效率。

此外，铭牌上还标明定子绕组的相数、绕组的接法以及绝缘等级等。对于绕线转子异步电动机，还标明转子绕组的接法、转子额定电压（指定子加额定频率的额定电压而转子绕组开路时滑环间的电压）和转子额定电流。额定数据是选择、使用电动机的重要依据。

例 3-1 某三相六极 50Hz 三相异步电动机的额定数据如下：P_N=55kW，U_N=380V，η_N=79%，$\cos\varphi_N = 0.89$，n_N=970r/min，定子绕组三角形接法。试求：该电动机的额定转差率、额定线电流 I_N 及额定相电流 $I_{N\phi}$。

解 $n_1 = \dfrac{60f_1}{p} = \dfrac{60\times 50}{3} = 1000\,\text{r/min}$

则

$$s_N = \frac{n_1 - n}{n_1} = \frac{1\,000-970}{1\,000} = 0.03$$

$$I_N = \frac{P_N 10^3}{\sqrt{3}U_N\eta_N\cos\varphi_N} = \frac{55\times 10^3}{\sqrt{3}\times 380\times 0.79\times 0.89}\text{A} = 119\,\text{A}$$

$$I_{N\phi} = \frac{I_N}{\sqrt{3}} = \frac{119}{\sqrt{3}}\text{A} = 69\,\text{A}$$

四、功率平衡和转矩平衡

（一）功率平衡

三相异步电动机运行时，定子绕组从电源吸收电功率，转子向拖动的机械负载输出机械功率。电动机在实现机电能量转换的过程中，必然会产生各种损耗。根据能量守恒定律，输出功率应等于输入功率减去各种损耗。

定子绕组从电源吸收电功率称为输入功率，用 P_1 表示，其表达为

$$P_1 = \sqrt{3}U_1 I_1 \cos\varphi_1$$

式中 U_1—— 定子相电压；

I_1—— 定子相电流；

φ_1—— 定子功率因数角。

输入功率有一部分消耗在定子绕组上，即定子铜耗 P_{Cu1}

$$P_{Cu1} = \sqrt{3}I_1^2 r_1$$

还有一小部分是消耗在定子铁心中的铁耗 P_{Fe}

$$P_{Fe} = \sqrt{3}I_m^2 r_m$$

剩余的大部分功率借助气隙旋转磁场，由定子传递给转子上，叫电磁功率，用 P_{em} 表示。

$$P_{em} = P_1 - P_{Cu1} - P_{Fe} \tag{3-4}$$

与 P_1 表达式相似，电磁功率也可以表示为

$$P_{em}=\sqrt{3}E_2{}'I_2{}'\cos\varphi_2=m_2E_2I_2\cos\varphi_2$$

式中 E_2——转子绕组的感应电动势；

I_2——转子相电流；

φ_2——转子功率因数角；

m_2——转子绕组系数，是由电动机结构决定的一个常数。

转子绕组感应电动势产生电流，也会产生转子铜耗 P_{Cu2} 为

$$P_{Cu2}=3I_2{}'^2r_2{}'=sP_{em}$$

旋转磁场切割转子铁心也将引起转子铁耗，由于正常运行时，三相异步电动机转差率很小，旋转磁场相对于转子的转速很小，以致转子铁心中磁通交变频率 f_2 很低，通常仅 0.5～2.5 Hz，所以转子铁耗很小，一般可以忽略不计。

这样输入给转子的电磁功率 P_{em} 仅需扣除转子铜耗 P_{Cu2}，便是产生在电动机转轴上拖动转子旋转的总机械功率 P_m，用公式表示为

$$P_m=P_{em}-P_{Cu2}=3I_2{}'^2\frac{1-s}{s}r_2{}'=(1-s)\ P_{em} \tag{3-5}$$

电动机旋转时由于摩擦而产生一部分损耗，叫机械损耗 P_{mec}。另外，还会有一些附加损耗 P_Δ，它也要消耗电动机轴上的一部分功率。这样，三相异步电动机上得到的总机械功率 P_m 应减去机械损耗和附加损耗，才是轴上输出的机械功率 P_2，即

$$P_2=P_m-P_{mec}-P_\Delta \tag{3-6}$$

附加损耗与气隙大小和工艺因数有关，很难计算，一般根据经验选取。

对大型异步电动机： $P_\Delta=0.5\%P_N$

对小型铸铝转子异步电动机 $P_\Delta=$（1～3）$\%P_N$

一般把机械损耗和附加损耗统称为电动机的空载损耗，用 P_0 表示，于是

$$P_2=P_m-P_0 \tag{3-7}$$

由式（3-4）、式（3-5）、式（3-6）可得三相异步电动机总的功率平衡方程式为

$$P_2=P_1-P_{Cu1}-P_{Fe}-P_{Cu2}-P_{mec}-P_\Delta=P_1-\sum P$$

式中，$\sum P=P_{Cu1}+P_{Fe}+P_{Cu2}+P_{mec}+P_\Delta$ 为三相异步电动机的总损耗。

（二）转矩平衡方程式

当三相异步电动机处于稳态运行时，把功率平衡方程式即式（3-7）的两边同除以转子机械角速度 Ω 便得到稳态时的三相异步电动机的转矩平衡方程式

$$\frac{P_m}{\Omega}=\frac{P_2}{\Omega}+\frac{P_0}{\Omega}$$

$$T=T_2+T_0 \tag{3-8}$$

式中，$T_2=\frac{P_2}{\Omega}$为电动机轴上输出的转矩；$T_0=\frac{P_0}{\Omega}$对应于机械损耗和附加损耗，称为空载转矩；$T=\frac{P_m}{\Omega}$对应总机械功率的转矩，称为电磁转矩。

式（3-8）说明电磁转矩T与输出转矩T_2和空载转矩T_0相平衡。

由式（3-5）可推导出

$$T=\frac{P_m}{\Omega}=\frac{(1-s)\ P_{em}}{\frac{2\pi n}{60}}=\frac{P_{em}}{\frac{2\pi n_1}{60}}=\frac{P_{em}}{\Omega_1} \tag{3-9}$$

式中，$\Omega_1=\frac{2\pi n_1}{60}$是同步机械角速度，为一常值。

由上面分析可知，电磁转矩从转子方面看，它等于总机械功率除以转子机械角速度；从定子方面看，它又等于电磁功率除以同步机械角速度。两种角速度对应两种功率，但转矩却是一个，都源于气隙磁场与转子电源的相互作用的结果。

（三）电磁转矩

由式（3-9）与电磁功率表达式，可得

$$\begin{aligned}T&=\frac{P_{em}}{\Omega_1}=\frac{m_2E_2I_2\cos\varphi_2}{\frac{2\pi n_1}{60}}=\frac{m_1E_2'I_2'\cos\varphi_2}{\frac{2\pi n_1}{60}}\\&=\frac{m_1(\sqrt{2}\pi f_1N_1K_{w1}\Phi_m)\ I_2'\cos\varphi_2}{\frac{2\pi f_1}{P}}\\&=\frac{m_1}{\sqrt{2}}PN_1K_{w1}\Phi_mI_2'\cos\varphi_2\\&=C_T'\Phi_mI_2'\cos\varphi_2\end{aligned} \tag{3-10}$$

式中，$C_T'=\frac{m_1}{\sqrt{2}}PN_1K_{w1}$称为三相异步电动机的转矩系数。和直流电动机一样，对于已制成的三相异步电动机来说，C_T'为一结构常数。

例 3-2 一台三相绕线转子异步电动机，额定数据为：$P_N=94\,\text{kW}$，$U_N=380\,\text{V}$，$n_N=950\,\text{r/min}$，$f_1=50\,\text{Hz}$。在额定转速下运行时，机械摩擦损耗$P_{mec}=1\,\text{kW}$，忽略附加损耗。求额定运行时的：1）转差率s_N；2）电磁功率P_{em}；3）电磁转矩T_N；4）转子铜耗P_{Cu2}；5）输出转矩T_2；6）空载转矩T_0。

解 由n_N可判断同步转速$n_1=1000\,\text{r/min}$，P=3。

1）额定转差率s_N。

$$s_N=\frac{n_1-n_N}{n_1}=\frac{1000-950}{1000}=0.05$$

2）电磁功率 P_{em}。

$$P_{em}=\frac{P_m}{1-s_N}=\frac{P_N+P_m}{1-s_N}=\frac{94+1}{1-0.05}\text{kW}=100\,\text{kW}$$

3）电磁转矩 T_N。

$$T_N=\frac{P_{em}}{\Omega_1}=\frac{P_{em}}{\frac{2\pi n_1}{60}}=9\,550\frac{P_{em}}{n_1}$$

$$=9\,550\times\frac{100}{1\,000}\text{N}\cdot\text{m}=955\,\text{N}\cdot\text{m}$$

4）转子铜耗 P_{Cu2}。

$$P_{Cu2}=s_N P_{em}=0.05\times100\text{kW}=5\,\text{kW}$$

5）输出转矩 T_2。

$$T_2=\frac{P_N}{\Omega_N}=9550\times\frac{94}{950}\text{N}\cdot\text{m}=944.9\,\text{N}\cdot\text{m}$$

6）空载转矩 T_0。

$$T_0=\frac{P_0}{\Omega_N}=\frac{P_{mec}+P_\Delta}{\Omega_N}=9550\frac{P_{mec}}{n_N}=10.1\,\text{N}\cdot\text{m}$$

五、三相异步电动机的工作特性

三相异步电动机的工作特性是指在额定电压和额定频率下，电动机的转速 n（或转差率 s）、电磁转矩 T（或输出转矩 T_2）、定子电流 I_1、效率 η 和功率因数 $\cos\varphi_1$ 与输出功率 P_2 之间的关系曲线。即 $U_1=U_N$，$f_1=f_N$ 时，$n/T/I_1/\eta/\cos\varphi_1=f(P_2)$。工作特性可以通过电动机直接加负载试验得到，或者利用等效电路计算而得。图 3-11 为三相异步电动机的工作特性曲线。下面分别加以说明。

（一）转速特性 $n=f(P_2)$

因为 $n=(1-s)n_1$，电动机空载时，负载转矩小，转子转速 n 接近同步转速 n_1，s 很小。随着负载的增加，转速 n 略有下降，s 略微上升，这时转子感应电动势 E_{2s} 增大，转子电流 I_{2s} 增大，以产生更大的电磁转矩与负载转矩相平衡。因此，随着输出功率 P_2 的增加，转速特性是一条稍微下降的曲线，$s=f(P_2)$ 曲线则是稍微上翘的。转子铜耗小，额定负载时的转差率 $s_N=0.01\sim0.05$，三相异步电动机容量越大，则相应的转差率越小。

（二）转矩特性 $T=f(P_2)$

由式（3-8）知，电磁转矩 $T=\dfrac{P_2}{\Omega}+T_0$，随着 P_2 增大，由于电动机转速 n 和角速度

Ω 变化很小，而空载转矩 T_0 又近似不变，所以 T 随 P_2 的增大而增大，近似成线性关系，如图 3-11 所示。

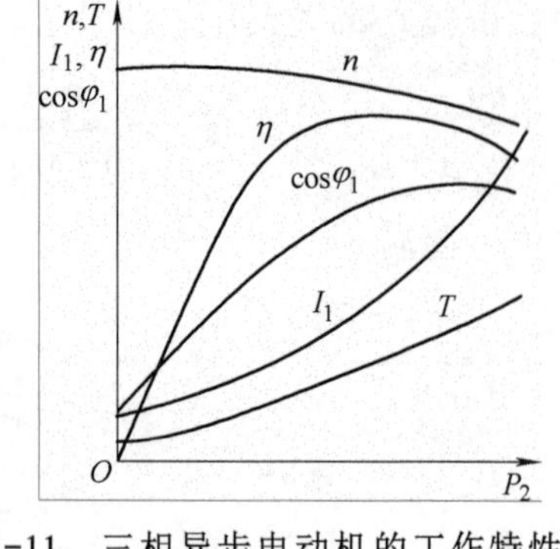

图 3-11 三相异步电动机的工作特性曲线

（三）定子电流特性 $I_1 = f(P_2)$

定子电流 $\dot{I}_1 = \dot{I}_m + (-\dot{I}_2')$。空载时，转子电流 $-\dot{I}_2' \approx 0$，定子电流几乎全部是励磁电流 I_m。随着负载的增大，转速下降，I_2' 增大，相应 I_1 也增大，如图 3-11 所示。

（四）效率特性 $\eta = f(P_2)$

根据定义，三相异步电动机的效率为

$$\eta = \frac{P_2}{P_1} = 1 - \frac{\sum P}{P_2 + \sum P}$$

三相异步电动机的损耗也可分为不变损耗和可变损耗两部分。电动机从空载到满载运行时，由于主磁通和转速变化很小，铁耗 P_{Fe} 和机械损耗 P_{mec} 近似不变，称为不变损耗。而定、转子铜耗 P_{Cu1}、P_{Cu2} 和附加损耗 P_{Δ} 是随负载而变的，称为可变损耗。空载时，$P_2 = 0$，$\eta = 0$，随着 P_2 增加，可变损耗增加较慢，η 上升很快，直到当可变损耗等于不变损耗时，效率最高。若负载继续增大，铜耗增加很快，效率反而下降。三相异步电动机的效率曲线与直流电动机和变压器的大致相同。对于中、小型异步电动机，最高效率出现在 $75\%P_N$ 左右。一般电动机额定负载下的效率在 74%～94%之间，容量越大的，额定效率 η 越高。

（五）功率因数特性 $\cos\varphi_1 = f(P_2)$

三相异步电动机对电源来说，相当于一个感性负载，因此其功率因数总是滞后的，运行时必须从电网吸取感性无功功率，因此 $\cos\varphi_1 < 1$。空载时，定子电流基本上是励磁电流，主要用于无功励磁。因此 $\cos\varphi_1$ 很低，通常小于 0.2。随着负载增加，转子电流有功分量增加，定子电流中的有功分量也随之增加，功率因数提高。在接近额定负载时，功率因数最高。负载再增大，由于转速降低，转差率 s 增大，使 $\cos\varphi_2$ 和 $\cos\varphi_1$ 反而下降，如图 3-11 所示。

六、三相异步电动机的运行

（一）三相异步电动机的起动

所谓三相异步电动机的起动过程是指三相异步电动机从接入电网开始转动时起，到达额定转速为止这一段过程。电动机起动性能的好坏，是衡量电动机运行性能的一个重要指标。

电动机在起动过程中，衡量电动机起动性能的好坏，应从以下几个方面考虑。

1）起动电流应尽可能小。

2）起动转矩足够大。异步电动机起动时，起动电流很大，但起动转矩并不太大，因为起动时，s=1，尽管 I_2 很大，但 $\cos\varphi_2$ 很低，所以得不到很大的起动转矩。

3）起动过程中，转速应尽可能平稳上升。

4）起动方法应简便、可靠；起动设备应简单、经济、容易维护。

5）起动过程中消耗的电功率应尽可能少。

从前面的分析可知：三相异步电动机在起动时起动转矩并不大，但转子绕组中的电流 I 很大，通常可达额定电流的 4～7 倍，从而使得定子绕组中的电流相应增大为额定电流的 4～7 倍。这么大的起动电流将带来下述不良后果。

1）起动电流过大使电压损失过大，起动转矩不够使电动机根本无法起动。

2）使电动机绕组发热，绝缘老化，从而缩短了电动机的使用寿命。

3）造成过流保护装置误动作、跳闸。

4）使电网电压产生波动，进而影响连接在电网上的其他设备的正常运行。

因此，电动机起动时，在保证一定大小的起动转矩的前提下，还要求限制起动电流在允许的范围内。

1．笼型异步电动机的起动

三相笼型异步电动机的起动有两种方式，第一种是直接起动，即将额定电压直接加在电动机定子绕组端。第二种是减压起动，即在电动机起动时降低定子绕组上的外加电压，从而降低起动电流。起动结束后，将外加电压升高为额定电压，进入额定运行。两种方法各有优点，应视具体情况具体确定。

直接起动：通常认为满足下列条件之一的即可直接起动（见图 3-12）。

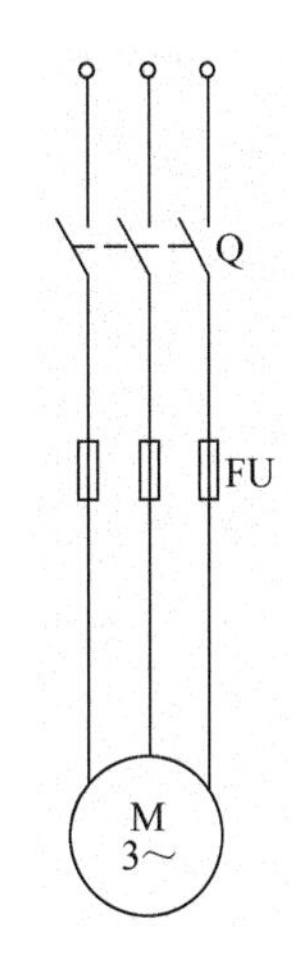

图 3-12　直接起动电路

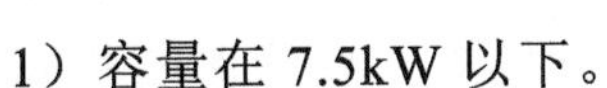

1）容量在 7.5kW 以下。

2）符合下列经验公式。

$$\frac{I_{st}}{I_N}<\frac{3}{4}+\frac{\text{供电变压器容量（kV·A）}}{4\times\text{起动电动机功率（kW）}}$$

3）电动机起动瞬间造成电网电压波动小于 10%。

直接起动通常采用的起动装置有三相刀开关、封闭式负荷开关和电磁开关。起动时将电源电压通过开关直接加在电动机定子绕组上，使电动机起动。这种起动方法的优点是设备简单，起动迅速；缺点是起动电流大。

减压起动：减压起动方式是指在起动过程中降低其定子绕组端的外施电压，起动结束后，再将定子绕组的两端电压恢复到额定值。这种方法虽然能达到降低起动电流的目的，但起动转矩也减小很多，故此法一般只适用于电动机的空载或轻载起动。具体方法包括以下几种。

1）自耦变压器减压起动。

采用自耦变压器减压起动，电动机的起动电流及起动转矩与其端电压的平方成比例降低，相同的起动电流的情况下能获得较大的起动转矩。如起动电压降至额定电压的 65%，其起动电流为全压起动电流的 42%，起动转矩为全压起动转矩的 42%。

自耦变压器减压起动的优点是可以直接人工操作控制，也可以用交流接触器自动控制，经久耐用，维护成本低，适合所有的空载、轻载起动异步电动机使用，在生产实践中得到广泛应用。缺点是人工操作要配置比较贵的自耦变压器箱（自耦补偿器箱），自动控制要配置自耦变压器、交流接触器等起动设备和元件。起动电流小，起动转矩较大，只允许连续起动 2～3 次，设备价格较高，但性能较好，使用较广。

2）Y-△减压起动。

定子绕组为△联结的电动机，起动时接成Y联结，速度接近额定转速时转为△运行，采用这种方式起动时，每相定子绕组降低到电源电压的 58%，起动电流为直接起动时的 33%，起动转矩为直接起动时的 33%。起动电流小，起动转矩小。

Y-△减压起动的优点是不需要添置起动设备，有起动开关或交流接触器等控制设备就可以实现，缺点是只能用于△联结的电动机，大型异步电机不能重载起动。

这种方式起动电流小，但二次冲击电流大，起动转矩较小，允许起动次数较多，设备价格较低，适用于定子绕组为△接线的 6 个引出端子的中、小型电动机，如 Y2 和 Y 系列电动机。

2. 绕线转子异步电动机的起动

绕线转子异步电动机的起动方法有转子串联电阻及转子串接频敏变阻器两种起动方法。

总之，起动控制技术的最终目的是减小起动电流，避免造成电网电压的波动。不管采用哪种起动方法，最重要的一点是要保证电动机的起动转矩，以确保电动机能顺利地起动。

（二）三相异步电动机的正反转

电动机的转向取决于旋转磁场的方向，而改变旋转磁场的方向，只要改变接入定子绕组的三相交流电电源相序即可，即电动机任意两相绕组与交流电源接线互相对调，旋转磁场就会改变方向，电动机也随之反转。

常用的正反转控制方法可有倒顺开关控制（见图 3-13）或接触器联锁控制（见图 3-14）。

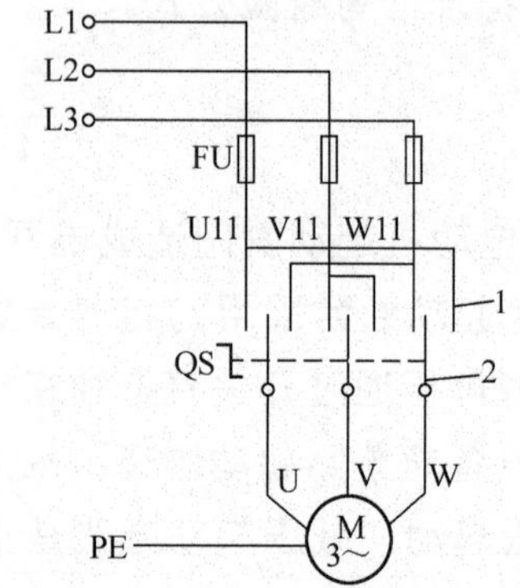

图 3-13 倒顺开关控制的三相异步电动机正反转控制电路

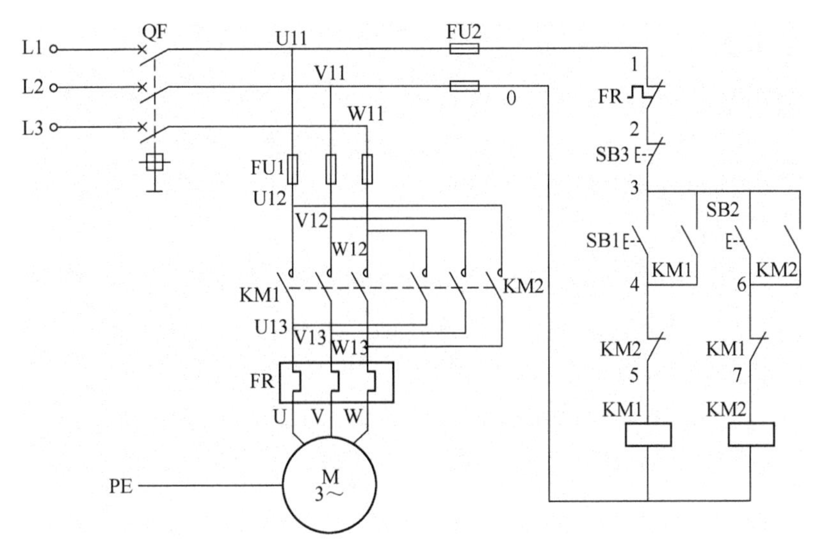

图 3-14 接触器联锁控制的三相异步电动机正反转控制电路

（三）三相异步电动机的调速

从三相异步电动机的转速公式 $n=\frac{60f}{p}(1-s)$ 可知，可以有三种方法实现调速。

改变定子绕组磁极对数 p——变极调速。

改变电动机的转差率 s——改变转子电阻或改变定子绕组上的电压。

改变供给电动机电源的频率 f——变频调速。

1. 变极调速方法

如图 3-15 所示，①改变定子绕组的连接方法。②在定子上设置具有不同极对数的两套互相独立的绕组。

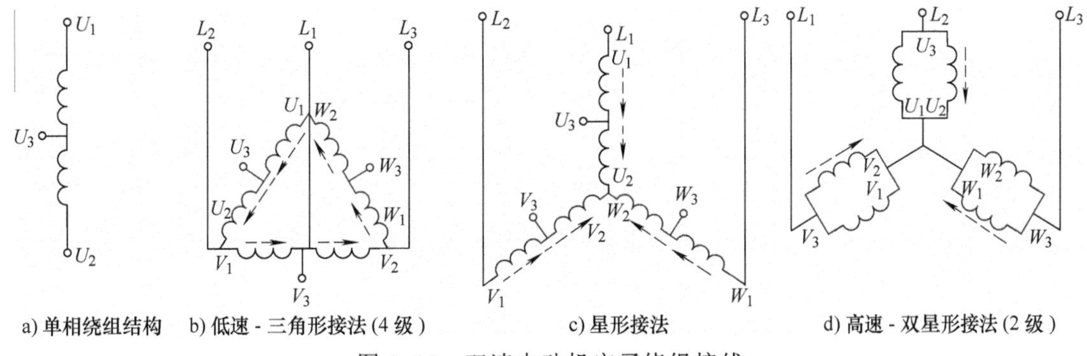

图 3-15 双速电动机定子绕组接线

（1）优点是所需设备简单；缺点是电动机绕组引出头多，调速只能有级调节，级数少。变极调速通常不单独用，往往与机械调速配套使用，以达到相互补充，扩大调速范围的目的。

（2）适用范围：变极调速只用于笼型异步电动机且调速要求不高的场合。

2．变转差率调速

（1）变电源电压调速。

特点：转矩与电压平方成正比，恒转矩负载的调速范围很小。

适用范围：风机型负载。

（2）变转子电阻调速。

特点：方法简单方便，但机械特性曲线较软。而且外接电阻越大曲线越软，致使负载有较小的变化，便会引起很大的转速波动。另外在转子电路上串接的电阻要消耗功率，导致电动机效率较低。

适用范围：只适用于绕线转子电动机的调速，主要应用于起重运输机械的调速。

3．变频调速

（1）分类。

1）恒转矩控制。

2）恒电流控制。

3）恒功率控制。

（2）优点是质量轻、体积小、惯性小、效率高等，价格也在逐步下降。采用矢量控制技术，机械特性曲线可以做得像直流电动机调速一样硬，是目前交流调速的发展方向。

（3）适用范围：恒转矩控制适用于调速范围较大的恒转矩性质的负载，例如升降机械、搅拌机、传送带等；恒电流控制适用于负载容量小且变化不大的场合；恒功率控制适用于负载随转速的增高而变轻的地方，例如主轴传动、卷绕机等。

（四）三相异步电动机的制动

制动的含义：在负载转矩为位能性负载转矩的机械设备中（例如起重机下放重物时，运输工具在下坡运行时）使设备保持一定的运行速度。

在机械设备需要减速或停止时，电动机能实现减速和停止。

制动的方法如下。

机械制动：利用机械装置使电动机在电源切断后能迅速停转。最常见的是电磁抱闸。

电气制动：使异步电动机所产生的电磁转矩 T 和电动机转子的转速 n 的方向相反。

电气制动分为反接制动、能耗制动、再生发电制动。

1．反接制动

（1）电源反接制动。

方法：改变电动机定子绕组与电源的连接相序。

原理：当电源的相序发生变化，旋转磁场 n_1 立即反转，从而使转子绕组中的感应电动势、电流改变方向。因机械惯性，转子转向未发生变化，则电磁转矩 T 与转子的转速 n 方向相反，电机进入制动状态，这个制动过程称为电源反接制动（见图 3-16）。

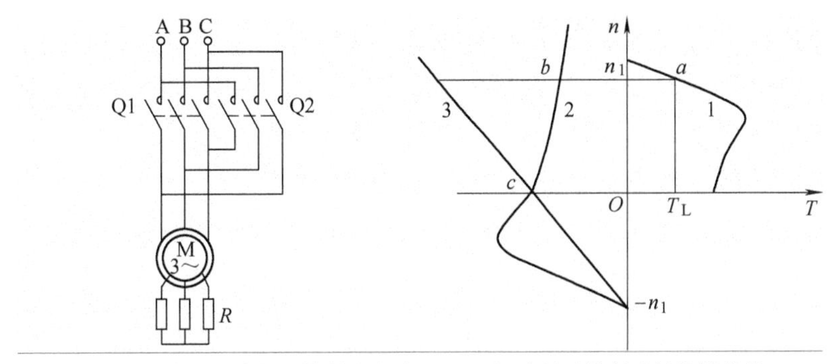

a）绕线转子异步电动机电源反接制动电路　　b）电源反接制动的机械特性

图 3-16　电源反接制动接线及机械特性

1—三相异步电动机制动前的机械特性曲线　2—三相异步电动机反接制动瞬间时的机械特性曲线
3—绕线式异步电动机转子回路串入制动电阻机械特性曲线
（*a*—三相异步电动机制动前的工作点　*b*—三相异步电动机反接制动瞬间时的工作点
c—三相异步电动机反接制动时转速接近零点）

（2）负载倒拉反接制动。

方法：当绕线转子异步电动机拖动位能性负载时，在其转子回路中串入很大的电阻。

原理：在转子回路串入很大的电阻，机械特性变为斜率很大的曲线，因机械惯性，工作点向下移。此时电磁转矩小于负载转矩，转速下降。当电动机减速至 $n=0$，电磁转矩仍小于负载转矩，在位能负载的作用下，电动机反转，工作点继续下移。此时因 $n<0$，电动机进入制动状态，直至电磁转矩等于负载转矩，电动机才稳定运行（见图 3-17）。

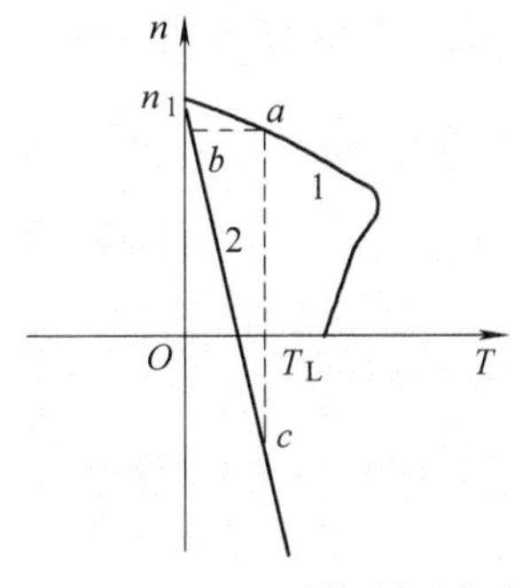

图 3-17　负载倒拉反接制动机械特性

1—绕线式三相异步电动机的机械特性曲线　2—绕线式异步电动机转子回路串入制动电阻机械特性曲线
（*a*—三相异步电动机制动前的工作点　*b*—三相异步电动机转子回路串入大电阻时的工作点
c—三相异步电动机反接制动时转速接近零点）

2．能耗制动

方法：将运行着的异步电动机的定子绕组从三相交流电源上断开后，立即接到直流电源上。

原理：当定子绕组通入直流电源，将在电机中将产生一个恒定磁场。当转子因机械惯性按原转速方向继续旋转时，转子导体会切割这一恒定磁场，从而在转子绕组中产生感应电动势和电流。转子电流又和恒定磁场相互作用产生电磁转矩 T，根据右手定则可以判断电磁转矩的方向与转子转动的方向相反，则 T 为一制动转矩。在制动转矩作用下，转子转速将迅速下降，当 $n=0$ 时，$T=0$，制动过程结束。转子的动能变为电能，消耗在转子回路电阻上（见图 3-18）。

特点：能耗制动的优点是制动力强，制动较平稳。缺点是需要一套专门的直流电源供制动用。

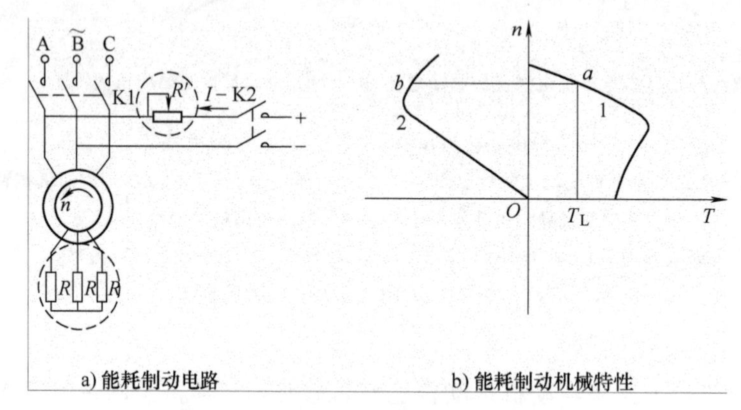

图 3-18　能耗制动接线图和机械特性

1—固有机械特性　2—能耗制动机械特性

（a—三相异步电动机制动前的工作点　b—三相异步电动机能耗制动瞬间时的工作点）

3. 再生发电制动

方法：电动机在外力（如起重机下放重物）作用下，使电动机的转速超过旋转磁场的同步转速。

原理：起重机下放重物。在下放开始时，$n<n_1$，电动机处于电动状态。在位能性转矩的作用下，电动机的转速大于同步转速时，转子中感应电势、电流和转矩的方向都发生了变化，电磁转矩方向与转子转向相反，成为制动转矩。此时电动机将机械能转变为电能馈送电网，所以称再生发电制动（见图 3-19）。

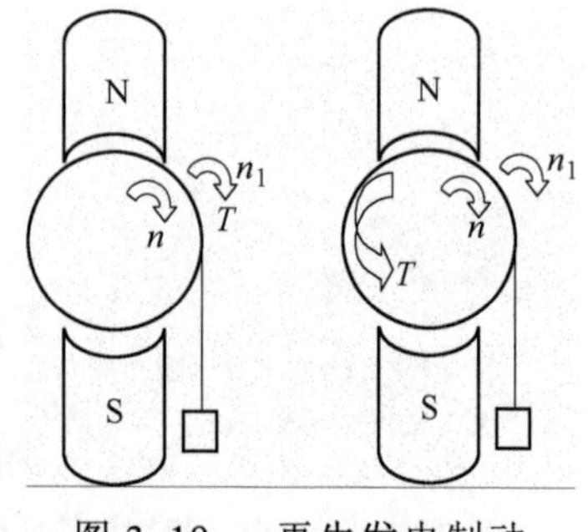

图 3-19　再生发电制动

特点：再生发电制动是一种比较经济的制动方法，制动时不需要改变电路即可从电动运行状态自动转入发电制动状态，电能回馈电网，节能效果显著。

七、三相异步电动机的拆装与检修

（一）异步电动机的拆装

异步电动机因维修、保养或发生故障等原因需要拆装。如果拆装时操作不当，就会损坏电动机零件。下面介绍主要零部件的拆装。

1. 带轮（联轴器）的拆装

先在带轮的轴伸端做好标记，然后将紧定螺钉旋松，装上拉具把带轮慢慢拉下。如果拉不下来，可在紧定螺钉孔内滴入煤油，等一段时间再拉。如还拉不下，可用喷灯或煤气灯等在带轮外侧周围加热，在带轮已膨胀，轴还来不及膨胀时迅速拉下。注意加热温度不能太高，以防轴变形。

2. 拆卸端盖，轴出转子

先在端盖与机座接缝处做一标记，以便装配时复原。对于绕线转子异步电动机应提起或拆除电刷、电刷架和引出线。

小型电动机一般先拆下轴伸端的轴承盖以及风罩、风扇和端盖螺钉，然后用木锤敲打轴伸端，把转子连同另一端盖一起抽出。对于风扇在机座内的电动机，可将转子连同风扇及风扇侧的端盖一起抽出。抽转子时应注意不能碰伤绕组。大、中型电动机一般需用起重设备将转子吊住平移抽出。

3. 滚动轴承的拆卸和清洗

拆卸滚动轴承时应选择大小适宜的拉具，注意拉具的抓脚应扣住轴承的内圈。

清洗轴承时，先刮去轴承外面的废油，再用煤油洗净残存的油污，最后用清洁布（不能用纱头）擦干。

轴承清洗后，应检查轴承是否损坏。检查时用手旋转外圈，观察其转动是否灵活。如发现卡住或过松现象，需用灯光仔细检查滑道、保持器及滚珠有无锈迹、斑痕、伤痕等，以便决定轴承是否需要更换。

4. 电动机的装配

电动机的装配步骤与拆卸步骤相反。装配前，要清除各配合处的锈斑及污垢异物，仔细检查有无碰伤。装配时，最好按原拆卸时所做的标记复位。装配后，转动转子，检查其转动是否灵活。大型电动机用塞尺检查定子、转子之间的气隙是否均匀。

（二）定子绕组的局部修理

1. 绕组断路故障的检查和维修

电动机定子绕组发生断路故障后，只要不是匝间短路、绕组接地等原因而造成绕组严重烧焦，一般均可找到断路点进行局部维修。实践证明，断路故障大多数发生在绕组端部、线圈的线头以及绕组与引接电缆连接处。由于绕组端部伸在铁心外面，导线易被碰断，或由于接线头焊接不良，长期运行后脱焊，以致造成绕组端部断路。因此，发生断路故障后，首先应检查绕组端部，找出断路点后，应重新连接、焊牢、包上相应的绝缘材料后，再涂上绝缘漆继续使用。

检查单路绕组电动机断路时，一般用万用表（低阻档）或效验灯。若绕组为星形接法，应分别测量每相绕组。断相时，表不通或灯不亮。若绕组为三角形接法，需将三相绕组的接头拆开后，再分别测量每相绕组。断相时，表不通或灯不亮。

对于功率较大的电动机绕组，大多数采用多根导线并绕或多路并联，若其中一根（或几根）或一个支路断路，可采用以下两种检测方法。

1）电流平衡法。对于星形联结的电动机，可将三相绕组并联后，通入低电压、大电流的交流电（一般可用单相交流弧焊机），如果三相电流相差5%以上时，电流小的一相为断路相，然后将断路相的并联支路拆开，逐路检查，表不通或灯不亮的即为断路相里的断路支路。

对于三角形联结的电动机，则先将定子绕组的一个接点拆开，再逐相通入低电压、大电流的交流电，测量其电流，其中电流小的一相即为断路相，然后将断路相的并联支路拆开，逐路检查，找出断路的支路。

2）电阻法。用双臂电桥测量三相绕组的电阻，若三相电阻值相差5%以上时，电阻较大的一相绕组可能有断路故障。

2. 绕组短路故障的检测和维修

定子绕组的短路主要是匝间短路和相间短路。

（1）匝间短路。在正常情况下，导线表面都有绝缘层，所以匝与匝之间是绝缘的。电流只能按规定的途径一匝一匝地通过，就是说线圈内部的各个线匝是串联的，如果线圈中相邻的两个线匝因绝缘层破裂而短路，称为匝间短路。当交变磁通穿过被短路的线匝时，将产生感应电动势，由于短路线匝的电阻很小，因此在闭合回路中会产生很大的电流，它能超过额定电流的若干倍，而将这一线匝或几组线匝烧焦。

（2）相间短路。三相绕组之间因绝缘损坏而造成的短路称为相间短路。相间短路会造成很大的短路电流，在短路处产生高热，导线熔断。

（3）检查和修理。检查绕组匝间和相间短路的方法有以下几种。

1）用绝缘电阻表或指针式万用表测量相间绝缘电阻，如绝缘电阻值很低，就说明该两相绕组短路。

2）用电流平衡法，分别测量三相绕组电流，电流大的为短路相。

3）用双臂电桥测量三相绕组的电阻，电阻值较小的一相为短路相。

4）用短路侦察器检查。短路侦察器是利用变压器原理来检查绕组匝间短路的。短路侦察器用一个开口铁心作为槽口，沿着铁心内圆逐槽移动，当它经过短路绕组时，短路绕组即称为变压器的二次绕组。如在短路侦察器绕组中串联一电流表，此时电流表会指出较大的电流。如没有适合的电流表，也可用0.5mm厚的钢片或旧锯条放在被测绕组的另一个线圈边所在的槽口上面，如被测绕组短路，则钢片会产生振动。

对于多路并联的绕组，必须把各支路拆开，才能用短路侦察器测试，否则绕组支路中有环流，无法分清哪个槽的绕组是短路的。

如果短路点在槽内，则将该槽绕组加热软化后翻出，换上新的槽绝缘，将导线的短路部位用绝缘材料包好，然后重新嵌入槽内，再按上述方法进行检查。如果短路的匝数很少，只占每相总串联匝数的 1/12 以下时，为了应急，可将短路线圈一端切断，用跨接法把短路线圈两边完好的线圈重新接通，注意一定要切断短路线圈的全部导线，使之不能成为闭合回路，并妥善绝缘，以免重新接通。如果线圈损伤太多，包上新绝缘后，导线无法嵌入槽内，或切断的匝数超过总串联匝数 1/12 以上时，应拆下重绕。

3．定子绕组接地故障的检修

异步电动机由于长期过载运行，定转子相擦、振动过大、受潮、雷击等原因，都会引起绝缘性能降低、老化或机械损伤而产生定子绕组接地故障；电动机更换定子绕组时，槽绝缘被损坏或绝缘未垫好，也会产生定子绕组接地故障。

检查定子绕组接地故障的方法很多，下面介绍用万用表或效验灯检查的方法。

用万用表的低阻档或 40W、220V 的效验灯检查，如果电阻值较小或效验灯暗红，则表示绕组严重受潮，应进行烘干处理。烘干后根据电动机的额定电压，分别用 500V、1 000V 或 2 500V 绝缘电阻表逐相测量定子绕组的绝缘电阻，其阻值应大于用下列公式求得的值

$$R=\frac{U_1}{1000+\frac{P_N}{100}}$$

式中　R—— 电动机绕组的绝缘电阻，单位 MΩ；

U_1—— 电动机绕组的额定电压，单位 V；

P_N—— 电动机的额定功率，单位 kW。

如果烘干后绝缘电阻仍达不到要求，则说明定子绕组的绝缘已受损。若绝缘电阻值为零或效验灯发亮，则说明定子绕组接地。

用上面的方法检查后，仅能查出哪一相绕组接地，因此，检查后还要把电动机拆开，先用肉眼观察接地那一相定子绕组的绝缘物，如发现绝缘物有焦痕，即为接地点。如找不到破裂焦痕，则再用效验灯检查，这时接地点可能冒烟或有火花发生。如有条件，可将接地的那一相定子绕组接上单相调压器，将电压逐渐升高到 500～1 000V 时，接地点就会明显跳火。若没有单相调压器，也可以用 500V 或 1 000V 的绝缘电阻表检查。

如用上面几种方法检查后仍不能找出接地点，那么接地点可能在槽内。这时需要把该相定子绕组的极相组之间的连接线剪断，分组逐级检查。但经验证明，接地点一般都发生在定子绕组伸出槽口的地方。

排除定子绕组接地故障时，还应仔细检查绝缘损伤的情况，除绝缘已经老化外，一般都可以局部修补。如接地点在定子绕组伸出槽口的地方，而且只有少数导线损坏，或只是个别地方绝缘没有垫好，则可将定子绕组稍微加热，待绝缘物软化后，用工具将定子绕组撬开，垫入适当的绝缘物，或将导线局部包扎后，涂上自干绝缘清漆即可。如果接地点在槽内，一般应更换绕组。

4. 绕组接线错误与嵌反的检查

绕组接线错误或嵌反后，通电时绕组中电流的方向变反，电动机就不能正常运行。由于电动机磁场不平衡，还会引起电动机剧烈振动，噪声异常，三相电流严重不平衡，温度升高，转速降低，甚至不转。如不及时切断电源，就有可能烧毁电动机的绕组。

绕组接线接错与嵌反一般有两种情况：一种是绕组外部头尾接反；另一种是绕组内部个别线圈或极相组接错或嵌反。

（1）三相绕组头尾接反的检查方法。

检查三相绕组头尾是否接反，可用下面的两种方法。

1）用两节干电池和一只灯泡串联，一头和电动机绕组的任意一个出线端相连，如灯亮，表示这两个出线端属同一相。同样的方法分清其他两相的出线端。然后将任意两相绕组和灯泡三者串联，将第三相的一个出线端接在电池的负极上，用另一个出线端去接触电池的正极，如灯亮，表示灯泡相连的两个出线端，一个是第一相的线头，另一个是第二相的线尾。如灯不亮，则表示与灯泡相连的两个出线端分别是这两相的线头（或线尾）。接着，将已经分清头尾的一相与第三相串联，再用同样的方法判断第三相的头尾。

上述方法称为绕组串联法，它是利用电磁感应原理来判断的。当第三相绕组突然接通电源时，绕组内部会产生感应电动势，同时在另外两相绕组中也会产生感应电动势。当这两相绕组头尾相连时，接到灯泡上的电压是这两相绕组中感应的电动势之和，故灯亮。反之，这两相绕组头头相连（或尾尾相连），则接到灯泡上的电压是这两相绕组中感应电动势之差，正好抵消，故灯不亮。由于感应电动势是在电源接通的一瞬间产生的，因此观察时要特别注意。如果电动机绕组的阻抗较大，或灯泡与电池配合不当，以致灯泡的亮度不够而不易观察时，可用 4 000Ω左右的耳机或扬声器的响声来代替灯光。

2）用万用表毫安档，检查时转动电动机的转子，如万用表指针不动，说明三相绕组头尾的连接是对的；因为转子铁心中的剩磁在定子三相绕组中感应电动势的矢量和等于零，因此 $i=0$。

（2）绕组内部个别线圈或极相组接错或嵌反的检查方法。

将低压直流电源（一般用蓄电池）通入某相绕组，用指南针沿着定子铁心内圆移动，逐槽检查，如指南针经过各极相组时，指针的方向交替变化，表明接线正确；如经过相邻的极相组时指南针的指向不变，表示极相组接错；如果一个极相组中个别线圈嵌反，则在本极相组范围内，指南针的指向会是交替变化的。这时可把绕组故障部分的连接线或过桥线加以纠正。如指南针的指向变化不明显，则应提高电源电压，再行检查。

（三）笼型转子断笼的修理

铸铝转子常见的故障是断笼，主要是铸铝质量不好或使用不当（如经常正反转起动与过载）等原因造成的。断笼包括断条和断环，断条是指笼条中一根或数根断裂（或有严重气泡），断环是指端环中一处或几处裂开。断笼后，电动机虽能空转，但起动转矩和额定转矩均降低很多。这时如测量三相绕组电流，就会发现电流表指针来回摆动，这时还伴有异样的噪声。发现上述情况后，应将转子取出检验。运行时间较长，在断条槽口处可能会出现小黑洞。若目测不易发现，则可用断笼侦察器检查。笼型转子断笼的修理方法有以下几种。

（1）焊接法。将导条或端环的裂口扩大，然后把转子加热到 450℃左右，再以锡（63%）、锌（33%）和铝（4%）组成的焊料气焊补焊。

（2）冷接法。在裂口处用一只与槽宽相近的钻头钻孔，并攻螺纹，然后拧上一个铝螺钉，再用车床或铲刀，除掉螺丝钉的多余部分。

（3）换条法。在车床上将原有端环车去；用夹具夹住转子铁心，浸入浓度为 60%的工业烧碱溶液中，经过 6～7h，可以将铝条腐蚀掉（若将烧碱溶液加热到 100℃，腐蚀速度可加快）。铝溶化后的转子立即用水清洗，再投入清水中煮沸 1～2h 后取出烘干。也可将转子直接加热到 700℃左右，将铝条全部熔掉并清理干净。将截面积等于转子槽型面积 70%左右的铜条插入槽内，铜条必须顶住槽口和槽底，不能让它有活动的余地；铜条两端伸出槽口 20～30mm，再将车好的端环按转子槽口位置对应钻孔，套在铜条上，铜条与端环之间用银焊或磷铜焊焊牢。

对小型电动机可把伸出槽口的铜条打弯，然后用银焊或磷铜焊将转子两端的铜条熔成整体即成端环，最后将其车光。

任务四 单相异步电动机的拆装与检修

单相交流异步电动机为小功率电动机，它与三相异步电动机相比，虽然运行性能较差，效率较低、容量较小，但由于它结构简单，成本低廉，噪声较小，安装方便，凡是有单相电源的地方都能使用，因此广泛应用在工农业生产、医疗和民用等领域，使用最多的是在家用电器中，用作电风扇、洗衣机、电冰箱、鼓风机、吸尘器和家用电动器具的动力机。可见，单相电动机在人们的生活中占有重要位置。了解单相电动机分类、构造和特点，掌握单相电动机的维修技能很有必要。

学习目标

（1）能根据工作联系任务单明确工时、工作内容等要求，准确记录故障现象。

（2）能正确描述单相异步电动机的结构、工作原理等基本知识，识读铭牌参数。

（3）能正确描述吊扇的组成、接线和工作原理。

（4）能根据任务要求，列出所需工具和材料清单，准备工具材料，合理制订工作计划。

（5）能正确使用工具，完成吊扇及其电动机的拆卸和装配。

（6）能正确完成电动机的故障检修和维护。

（7）能正确使用工具仪表对电动机进行检测和参数测量，完成试运转测试。

（8）能按电工作业规程，在作业完毕后清理现场。

（9）能正确填写验收相关技术文件，完成项目验收。

任务描述

学校 4#实训楼车间 80 台吊扇已使用多年，部分吊扇的电动机老化，运行中出现异响，需进行检修与安装，要求按规定期限完成验收并交付使用。本任务以吊扇的拆装与检修为载体，主要介绍单相异步电动机的一些基本知识，包括单相异步电动机的结构、原理与分类；熟悉吊扇的结构及拆装步骤；掌握单相异步电动机的检测和常见故障的处理方法。

任务实施

单相异步电动机是利用单相电源供电的交流电动机。它具有结构简单、运行可靠、维修方便、易获取电源等优点，因此应用十分广泛。例如，家用电器中的风扇、空调、吸尘器、洗衣机、电动工具等均使用单相异步电动机。在机床设备中的油泵、气泵、冷却风机等也多使用单相异步电动机。本任务将对单相异步电动机进行拆卸，学生应充分了解单相异步电动机的结构，并将其进行重新装配以及对其简单测试。

活动一　明确任务，制订计划

阅读任务书，以小组为单位讨论其内容，通过查阅资料和现场观察，收集相关信息，完成以下引导问题。

（1）三相异步电动机和单相异步电动机的主要区别有哪些？

（2）描述单相异步电动机的工作原理，常见的单相异步电动机有哪些类型？

（3）了解待维修的吊扇中使用的电机的铭牌参数，通过现场勘察，记录故障现象。

活动二　施工前的准备

通过吊扇的拆卸，结合以往所学的知识，查阅相关资料，搜集以下信息。

（1）认识吊扇中单相交流电机的结构，标出图 4-1 中各部分的名称。

（2）整理吊扇在拆卸过程中应该注意哪些问题。

（3）在表 4-1 中列出拆装及检修吊扇过程中所用到的仪表、工具及材料清单（见表 4-1）。

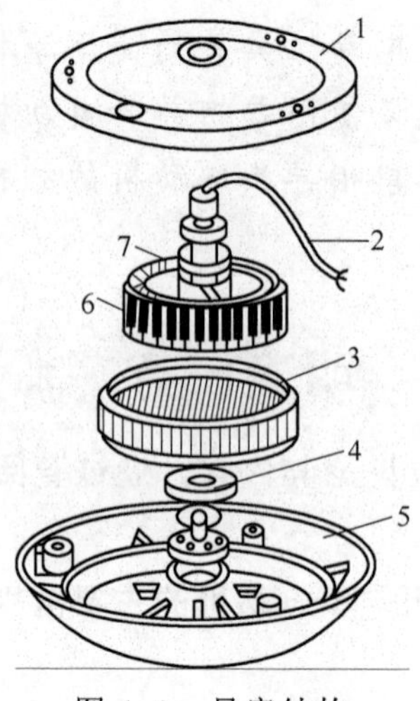

图 4-1 吊扇结构

表 4-1 工具及材料清单

序号	工具或材料名称	单位	数量	备注

活动三 吊扇的测试与检修

（1）结合以往的经验，并查阅相关资料，列举出单相异步电动机的几种常见故障，说明故障现象、故障原因及处理方法。

（2）根据吊扇的故障现象以及测试结果，查阅相关资料，分析故障原因，并整理判断过程及维修方法（见表 4-2）。

表 4-2 吊扇故障检修

故障现象	故障判断的过程	故障原因	维修方法

（3）检修维护工作完成后，按照如图 4-2 所示吊扇接线图重新接线，并试运转。记录装配及试运转过程中遇到的问题及解决方法。

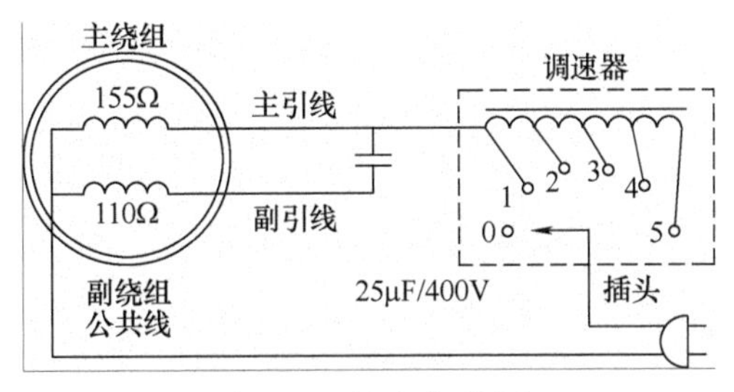

图 4-2　吊扇接线图

活动四　成果展示与评价

任务结束后，各小组对活动成果进行展示，采用小组自评、小组互评、教师评价三种结合的评价体系。

一、展示评价

把个人制作好的产品先进行分组展示，再由小组推荐代表做必要的介绍。自己制作并填写活动过程评价自评表、活动过程评价互评表。

二、教师评价

教师根据学生展示的成果及表现分别做出评价，填写综合评价表（见表 4-3）。

表 4-3　综合评价表

评价项目		评价内容	配分	评价方式		
				自我评价	小组评价	教师评价
职业素养		（1）严格按《实习守则》要求穿戴好工作服、工作帽 （2）保证实习期间出勤情况 （3）遵守实习场所纪律，听从实习指导教师指挥 （4）严格遵守安全操作规程及各项规章制度 （5）注意组员间的交流、合作 （6）具有实践动手操作的兴趣、态度、主动积极性	30			
专业技能水平	基本知识	（1）常用仪表、工具的使用正确 （2）拆装与检修过程中步骤完整，操作无误 （3）材料、工具选择适当	10			
	操作技能	（1）拆装与检修完成的单机异步电动机符合任务要求 （2）能有效处理拆装与检修过程中遇到的问题 （3）能对单机异步电动机常见故障进行检修	40			
	工具使用	（1）实验台、测量工具等的正确使用及维护保养 （2）熟练操作实习设备	10			
创新能力		学习过程中提出具有创新性、可行性的建议	10			
学生姓名			合计			
指导教师			日期			

相关知识

一、单相异步电动机的工作原理

与三相异步电动机相似，单相异步电动机包括定子和转子两大部分。转子结构都是笼型的，定子铁心由硅钢片叠压而成。定子铁心上嵌有定子绕组，定、转子之间有气隙。

单相异步电动机起动时，主、副两绕组接入电源，当转速上升到 75%～80%同步转速时，切断副绕组电源，故运行时只有主绕组接在电源上。下面分析只有一个工作绕组接在电源上的单相异步电动机的工作原理。

当工作绕组通以单相交流电流 $i = I_{\mathrm{m}} \sin \omega t = \sqrt{2} I_{\mathrm{c}} \sin \omega t$ 时将产生磁动势，这是一个单相脉振磁动势，其特征是磁动势的轴线在空间固定不变，但各点磁动势的大小随时间而变化，像这样振幅随时间做正弦变化的脉振磁动势，可以分解成两个转速和幅值相等、转向相反的圆形旋转磁动势，每一旋转磁动势的辐值为原有的脉振磁势幅值的一半。

根据这一结论，可以把单相异步电动机看成两台同轴连接的三相异步电动机，两台三相异步电动机通入相同的电流，但相序相反，因而两套三相定子绕组产生的旋转磁动势幅值相等，转向相反。由三相异步电动机基本原理可知，正转磁动势产生正的电磁转矩 T_+，反转磁动势最终产生负的电磁转矩 T_-。

若转子借助某一外力向任一方向旋转，例如沿 T_-方向旋转，设转速为 n，则对反转磁场而言，转子的转差率为

$$s_- = \frac{-n_1 - n}{-n_1} = 2 - s \qquad (4\text{-}1)$$

而对正转磁场，则有

$$s_+ = \frac{n_1 - n}{n_1} = s \qquad (4\text{-}2)$$

与普通的三相异步电动机一样，T_+和 T_-与转差率的关系曲线如图 4-3 所示，单相异步电动机的电磁转矩是两台三相异步电动机转矩之和，即 $T=T_+ + T_-$。图 4-3 给出了单相异步电动机的 $n=f$（T）机械特性曲线。

由图 4-3 所示的 $n=f$（T）曲线可以得到单相异步电动机的几个重要结论。

1）当转速 $n=0$ 时，合成电磁转矩 T 为零。所以单相异步电动机是没有起动转矩的，不能自行起动。

2）在 $n=0$，$s=1$ 的两边，合成转矩是对称的，因此单相异步电动机没有固定转向。

3）在体积相同的情况下，单相异步电动机的容量约为三相异步电动机的 $\frac{1}{3}$～$\frac{2}{3}$。

效率和功率因数低。

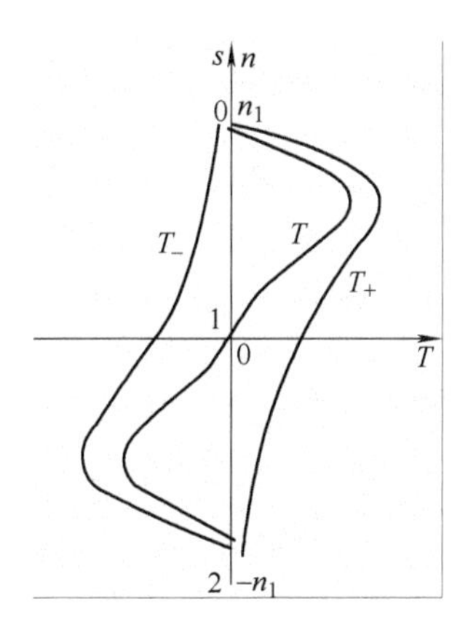

图 4-3　工作绕组通电时的机械特性曲线

二、单相异步电动机的起动和基本类型

1. 单相异步电动机的起动原理

由上述分析可知，只有一个工作绕组的单相异步电动机在接上交流电源后产生脉振磁势，没有起动转矩，且旋转方向不确定。显然，只有一个工作绕组的单相异步电动机是没有实用价值的，所以首先要解决单相异步电动机的起动问题。

两相交流电机具有两个空间相差 90° 电角度的绕组，当通以两相对称交流电流时，将在气隙中产生圆形旋转磁场，从而带动负载旋转。为了解决单相异步电动机的起动问题，单相异步电动机也要有两套在空间相差 90° 电角度的绕组。两个绕组回路的参数不同，因此，将这两个绕组并联后接到单相电源上，将在两个绕组中流过不同相位的电流。这时相当于两相交流电动机的不对称运行情况。在气隙中将产生椭圆形旋转磁场，将这一磁场分解为两个旋转方向相反的圆形旋转磁场 F_+和 F_-，由于其幅值不等，且 $F_+>F_-$，故而产生的转矩也不等，且 $T_+>T_-$，所以电动机能正常起动。

2. 单相异步电动机的基本类型

根据起动方法和运行方式的不同，单相异步电动机可分为以下几种类型。

（1）单相电阻起动异步电动机。单相电阻起动异步电动机的定子上有两套绕组，一套是主绕组 N_1；另一套是副绕组 N_2。它们的轴线在空间相隔 90° 电角度。起动绕组与起动开关串联后和工作绕组并接到同一单相电源上，如图 4-4a 所示。当电机转速上升到 75%～80%同步转速时，通过开关 K 断开起动绕组，使电动机只有一个工作绕组工作。

由于副绕组回路的电阻对电抗的比值比较大，所以副绕组电流 $\dot{I}_2$ 与主绕组电流的 $\dot{I}_1$ 之间出现了一定的相位差，形成了两相电流，如图 4-4b 所示。因此产生椭圆形磁动势，使电动机能够自行起动。

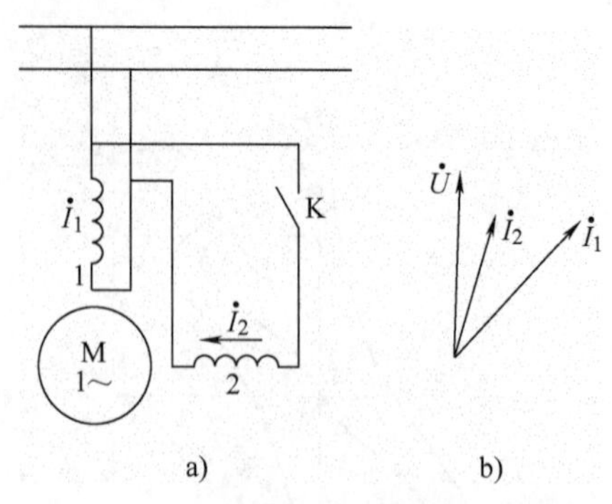

图 4-4　单相电阻起动异步电动机

1—运行绕组　2—起动绕组

为了使起动绕组得到较高的电阻对电抗的比值，通常起动绕组采用较细的铜线，或采用电阻率较大的导线。

单相电阻起动异步电动机适用于驱动低惯量负载、不经常起动、负载可变而要求转速基本不变的场合，如小型家用电器等。

（2）单相电容起动异步电动机。单相电容起动异步电动机的接线如图 4-5a 所示。当电动机转速上升到 75%～80%同步转速时，通过开关 K 断开副绕组 N_1 和电容器 C_1。

电容器 C_1 的作用是使起动绕组支路呈容性负载，从而使电流 $\dot{I}_2$ 超前电压 $\dot{U}$，而主绕组电流的 $\dot{I}_1$ 滞后 $\dot{U}$，使两相电流相位差接近 90°，电流相位关系如图 4-5b 所示。因此，单相电容起动异步电动机可以得到较大的转动转矩，较小的起动电流，因而电机的起动性能好。

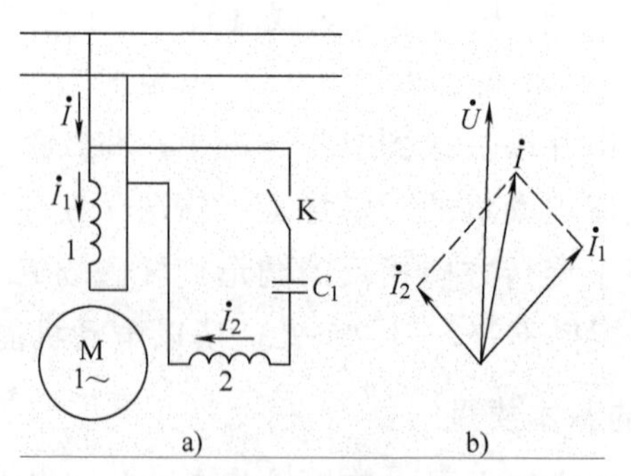

图 4-5　单相电容起动异步电动机

1—运行绕组　2—起动绕组

（3）单相电容运转异步电动机。如果起动绕组和起动电容在完成电动机起动后不断开而是和工作绕组一起长期运行，则称之为单相电容运转异步电动机。

单相电容运转异步电动机实质上是一种两相电动机。选择合适的电容器和副绕组参数，可以改善电动机的运行性能、使电动机具有较大的出力、较高的效率和功率因数等优点。由于最佳起动电容值和最佳运行电容值是不同的，通常是保证最佳运行效率来选择电容量，故而这种电动机的起动转矩较小，适用于起动转矩要求不高的场合。

为了使电动机既具有较好的起动性能，又具有较好的运行性能，一般在副绕组支路中连接两个电容，如图 4-6 所示，电容器 C_2 只是在起动时工作，当电动机转速达到 75%～80%额定转速时就用开关 K 断开，电容 C_1 为长期工作电容。

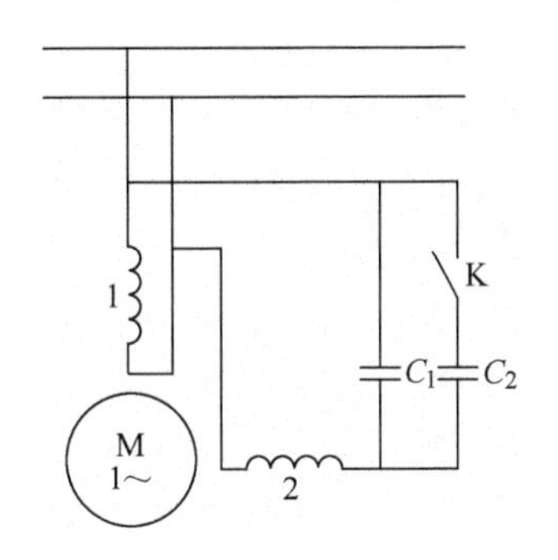

图 4-6　单相电容运转异步电动机

1—运行绕组　2—起动绕组

单相电容起动和运转异步电动机具有较好的起动性能，较高的过载能力、效率和功率因数，噪声低等特点，适合于带负载起动场合。单相电容运转异步电动机具有起动转矩大，起动电流小，功率因数和效率高等优点，但结构复杂，成本高，适用于空调机，电冰箱等。

（4）单相罩极异步电动机。单相罩极异步电动机的定子由冲成凸极状（少数也做成隐极式）的硅钢片叠压而成，每个磁极上装有工作绕组，各工作绕组串联后接到单相电源上，在每个磁极的极靴约 $\frac{1}{3}$ 宽度处开一小槽，套入一个短路铜环 K，转子为笼型结构，如图 4-7a 所示。

当工作绕组流过电流时，产生脉振磁通，其中一部分磁通 $\dot{\Phi}_1$ 通过未被短路环罩住的磁极，另一部分磁通 $\dot{\Phi}_2$ 通过短路环罩住的磁极，如图 4-7a 所示。由于 $\dot{\Phi}_2$ 随时间交变，在短路环中产生电动势 $\dot{E}_k$ 和 $\dot{I}_k$，忽略铁耗时，产生与 $\dot{I}_k$ 同相位的磁通 $\dot{\Phi}_k$，于是穿过短路环的合成磁通 $\dot{\Phi}_3=\dot{\Phi}_2+\dot{\Phi}_k$，如图 4-7b 所示。

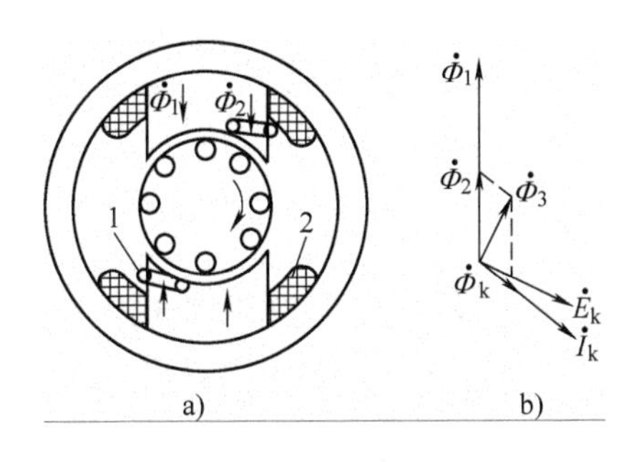

图 4-7　单相罩极异步电动机

1—短路环　2—运行绕组

从图 4-7b 可知，由于 $\dot{\Phi}_1$ 磁通和 $\dot{\Phi}_3$ 在空间和时间上均有一定的相位差，故 $\dot{\Phi}_1$ 和 $\dot{\Phi}_3$ 的合成磁场将是一个类似于旋转磁场而沿一定方向移动的磁场，因而产生一定的起动转矩。由于 $\dot{\Phi}_1$ 磁通超前 $\dot{\Phi}_3$，故在图示情况下转子将顺时针旋转（磁极未罩部分转向被罩部分）。罩极电动机的起动转矩、效率和功率因素均较低，但结构简单，制造方便，价格低廉，仍广泛使用，如作为小风扇电动机。

三、单相异步电动机的运行

1. 单相异步电动机的反转

单相异步电动机反转，必须要旋转磁场反转。改变旋转磁场的方法有以下几种。

1）改变接线，即把工作绕组或起动绕组中的一组首端和末端与电源的接线对调。

2）改变电容器的连接，即通过改变电容器的接法来改变电动机转向。

3）应用。单相异步电动机的正、反转控制，多用于电容电动机，如洗衣机中的电动机。

2. 单相异步电动机的调速

（1）串电抗器调速。

1）调速电路如图 4-8 所示。

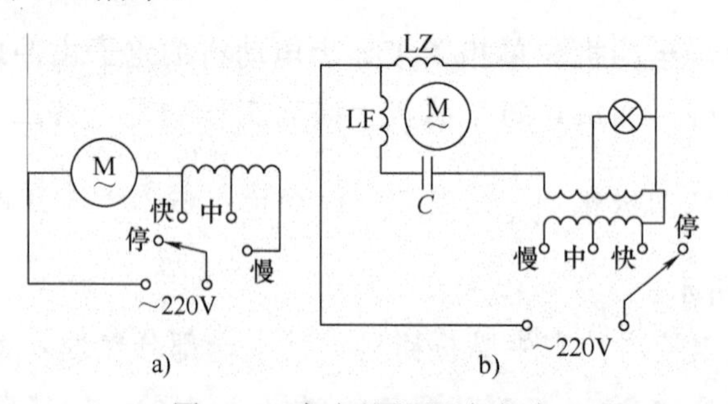

图 4-8 串电抗器调速电路

2）调速原理。将电抗器与电动机定子绕组串联，利用电抗器上产生的电压降，使加到电动机定子绕组上的电压下降，从而将电动机转速由额定转速往下调。

3）调速特点。方法简单、操作方便，但只能有级调速，且电抗器上消耗电能，已基本不用。

（2）绕组内部抽头调速。

1）调速电路如图 4-9 所示。

2）调速原理。电动机定子铁心嵌放有工作绕组 LZ、起动绕组 LF 和中间绕组 LL，通过开关改变中间绕组与工作绕组及起动绕组的接法，从而改变电动机内部气隙磁场的大小，使电动机的输出转矩也随之改变，在一定的负载转矩下，电动机的转速也变化。

3）调速特点。不需电抗器，材料省、耗电少，但绕组嵌线和接线复杂，电动机和调速开关接线较多，且是有级调速。

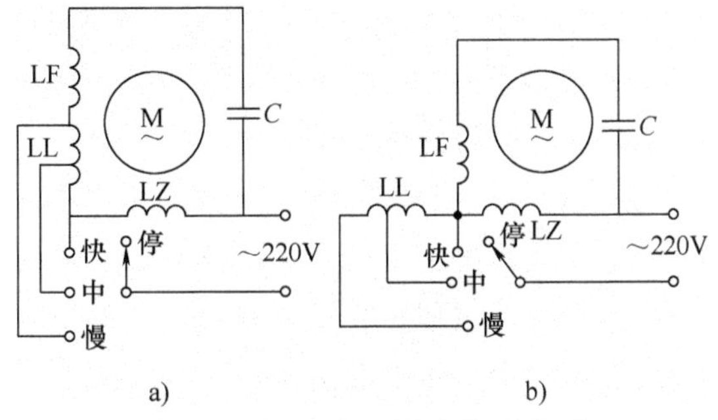

图 4-9　绕组内部抽头调速电路

（3）晶闸管调速。

1）调速电路如图 4-10 所示。

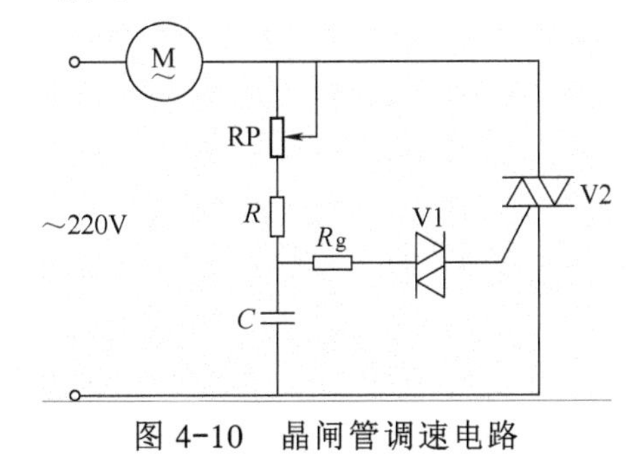

图 4-10　晶闸管调速电路

2）调速原理。利用改变晶闸管的导通角，来改变加在单相异步电动机上的交流电电压，从而调节电动机的转速。

3）调速特点。可以做到无级调速，节能效果好，但会产生一些电磁干扰，大量用于风扇调速。

四、单相异步电机的结构

（1）台式风扇电动机。电动机多为电容运转单相异步电动机，体积小、重量轻、结构简单、拆装容易（见图 4-11）。

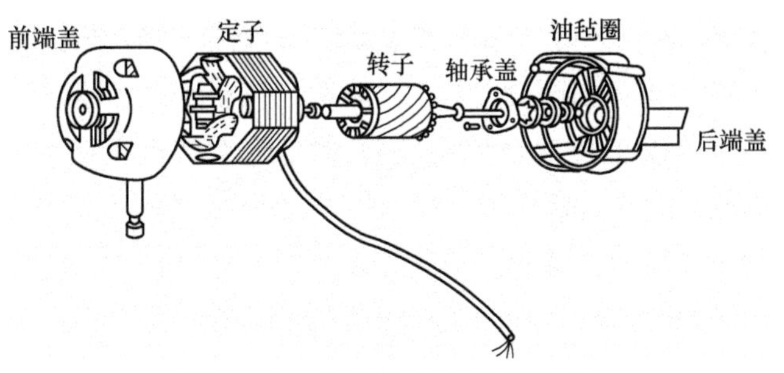

图 4-11　台式风扇电动机结构

（2）吊式风扇电动机。封闭式外转子结构，定子在内，固定在不旋转的吊杆上，而转子安放在外，与扇叶相连（见图 4-12）。

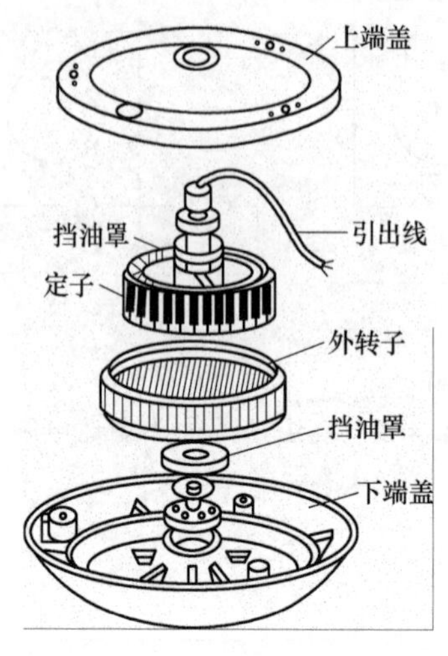

图 4-12　吊式风扇电动机结构

五、单相异步电动机的组装与拆卸

要对电动机进行检修，必须先对电动机进行拆卸。在排除故障并复原后，再对电动机进行清洗和加注润滑，随后进行装配。最后通过检查和试验，电动机的检修工作即告完成。

1．拆卸注意事项

在拆卸单相异步电动机时应注意以下几点。

1）牢记拆卸步骤。在拆卸时，就必须考虑到以后的装配，通常两者顺序正好相反，既先拆的后装，后拆的先装。对初次拆卸者来说，可以边拆边记录拆卸的顺序。

2）电动机的零部件集中放置。由于单相异步电动机的许多零部件体积都较小，电动机拆卸后如要进行绕组修换时，间隔时间较长。为保证零部件不损坏、不丢失、必须将所有零部件集中放置在盒子内或袋子内，妥善保管。

3）保证电动机各零部件完好。由于单相异步电动机一般功率都很小，体积小，各零部件的强度比一般的三相异步电动机要差得多。因此，在拆装时应特别注意轻敲、轻打，不允许用与电动机铁心及端盖同样硬度的金属物敲击电动机，必须借助纯铜棒、纯铜板、木板等才能敲击电动机。由于电动机定子绕组的线径很细，因此不允许直接碰撞电动机定子绕组。要注意在拆卸电动机时，防止各零部件直接跌落在地上或钳台上，造成零部件的变形或破坏。单相异步电动机的拆装一般比较简单，通常不需要专用工具，在拆卸前先仔细观察被拆电动机的外部结构，以确定拆的顺序。

2．拆卸步骤

下面以吊扇拆卸为例说明单相异步电动机的拆卸步骤。

1）拆卸吊扇。

① 切断交流电源。

② 拆下风扇叶。

③ 取下吊扇。

④ 拆除起动电容器、接线端子及风扇电动机以外的其他附件。此时，必须记录下起动电容器的接线方法及电源接线方法。

2）风扇电动机的拆卸。

① 拆除上下端盖的紧固螺钉。

② 取出上端盖。

③ 取出内定子铁心和定子绕组。

④ 使外转子与下端盖脱离。

⑤ 取出滚动轴承。

3）检查起动电容器的好坏（参看“单相异步电动机常见故障分析及处理方法”内容）。

4）测定定子绕组绝缘电阻。

5）滚动轴承的清洗及加润滑油。

6）吊扇的装配。将吊扇各零部件清洗干净，并检查完好后，按与拆卸相反的步骤进行装配。

7）吊扇装配后的通电试运转。在确认装配及接线无误后可通电试运转。观察电动机的起动情况、转向与转速。如有调速器，可将调速器接入，观察调速情况。

8）注意事项。

① 在拆除掉吊扇电源及电容器时，必须记录接线方法，以免出错。

② 拆装吊扇时不可用力过猛，以免损伤零部件。

③ 装配好吊扇在试运转时，必须密切注意吊扇的起动情况、转向及转速，并观察吊扇的运转情况是否正常，如发现不正常应立即停电检查。

六、单相异步电动机常见故障分析及处理方法

单相异步电动机按其起动方法不同可分为多种，但在实际中应用最广泛的是电容分相单相异步电动机。因此本部分内容主要以该类电动机为例予以分析，电阻分相及罩极电动机的故障分析及处理与本内容大体相仿。电容分相单相异步电动机的常见故障主要有以下几种。

（1）电源电压正常，但通电后电动机不转（见表 4-4）。

表 4-4

产生原因	处理方法
定子绕组或转子绕组开路	定子绕组开路可用万用表查找，转子绕组开路用短路测试器查找
离心开关触点未闭合	检查离心开关触点、弹簧等，加以调整或修理
电容器开路或短路	更换电容器
轴承卡住	清洗或更换轴承
定子与转子相碰	找出原因，对症处理

（2）电动机接通电源后熔丝熔断（见表 4-5）。

表 4-5

产生原因	处理方法
定子绕组内部接线错误	检查绕组接线
定子绕组有匝间短路或对地短路	用短路测试器检查绕组是否有匝间短路，用绝缘电阻表测量绕组对地绝缘电阻
电源电压不正常	用万用表测量电源电压
熔丝选择不当	更换合适的熔丝

（3）电动机温度过高（见表 4-6）。

表 4-6

产生原因	处理方法
定子绕组有匝间短路或对地短路	用短路测试器检查绕组是否有匝间短路，用绝缘电阻表测量绕组对地绝缘电阻
离心开关触点不断开	检查离心开关触点、弹簧等，加以调整或修理
起动绕组与工作绕组接错	测量两组绕组的直流电阻，电阻大者为起动绕组
电源电压不正常	用万用表测量电源电压
电容器变质或损坏	更换电容器
定子与转子相碰	找出原因，对症处理
轴承不良	清洗或更换轴承

（4）电动机运行时噪声大或振动过大（见表 4-7）。

表 4-7

产生原因	处理方法
定子与转子轻度相碰	找出原因，对症处理
转轴变形或转子不平衡	如无法调整，则需更换转子
轴承故障	清洗或更换轴承
电动机内部有杂物	拆开电动机，清除杂物
电动机装配不良	重新装配

（5）电动机外壳带电（见表 4-8）。

表 4-8

产生原因	处理方法
定子绕组在槽口处绝缘损坏	找绝缘损坏处，用绝缘材料与绝缘漆加强绝缘
定子绕组端部与端盖相碰	找绝缘损坏处，用绝缘材料与绝缘漆加强绝缘
引出线或接线处绝缘损坏与外壳相碰	找绝缘损坏处，用绝缘材料与绝缘漆加强绝缘
定子绕组槽内绝缘损坏	一般需重新嵌线

任务五
同步发电机的拆装与维护

同步电机是又一类非常重要的交流电机。与异步电机不同，同步电机主要用作发电机，用来生产交流电能。同步发电机与配套的原动机一起可以构成发电机机组，现代电力网中的巨大的电能几乎全部由同步发电机提供。同步电机有三种运行方式：发电机、电动机、补偿机。

同步电动机由于具有转速精度高、基本上不消耗无功功率的优点，其应用也越来越广泛。特别是随着现代电力电子技术的发展，高性能变频器大量出现，同步电动机的起动和调速已变得容易和简单。同步补偿机则专门用来产生或吸收电网的无功功率，以改善电网的功率因数，多用于变电站或较大工矿企业。

学习目标

（1）能根据工作联系任务单明确工时、工作内容等要求，准确记录故障现象。

（2）能正确描述同步发电机的结构、工作原理等基本知识。

（3）学会正确使用和维护同步电机的方法及其注意事项。

（4）能根据任务要求，列出所需工具和材料清单，准备工具材料，合理制订工作计划。

（5）能正确使用工具，完成小型永磁式同步发电机的拆装与维护。

（6）能按电工作业规程，在作业完毕后清理现场。

（7）能正确填写验收相关技术文件，完成项目验收。

任务描述

拆卸和安装小型同步发电机，学习同步电机的使用和维护方法。本任务以小型同步发电机的拆卸和安装为载体，主要介绍同步电机的一些基本知识，包括同步电机的结构、原理与分类；使学生熟悉同步电机的拆装步骤及正确使用和维护的方法。

任务实施

在交流电机中，转子转速严格等于同步转速的交流电机称为同步电机。通过本任务的训练，学生应掌握同步发电机的拆装及运行维护的方法。

活动一　明确任务，制订计划

阅读任务书，以小组为单位讨论其内容，通过观看视频、查阅资料，收集相关信息，完成以下引导问题。

（1）简述同步发电机、同步电动机的结构及工作原理。

（2）同步发电机运行前应检查哪些内容？运行中要监视哪些内容？

活动二　施工前的准备

结合以往所学的知识，查阅相关资料，搜集以下信息。

（1）同步发电机的拆装步骤是什么？拆卸过程中要注意哪些问题？

（2）根据任务要求在表5-1中列出拆装同步发电机的工具、材料清单（见表5-1）。

表5-1　工具及材料清单

序　号	工具或材料名称	单　位	数　量	备　注

活动三　同步发电机的拆装与维护

一、同步发电机的拆装

（1）如图5-1所示，准备一台小型同步发电机，阅读铭牌参数，理解其含义。

（2）拆卸后盖及转子。

（3）如图5-2所示，观察转子结构，特别是铁心和绕组的结构。

（4）如图 5-3 所示，观察定子结构，留意其绕组和铁心的结构。

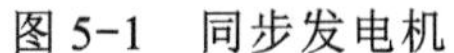

图 5-1　同步发电机

图 5-2　同步发电机转子

图 5-3　同步发电机定子

二、同步电机的维护

（1）通电前检查转轴是否灵活，有无卡阻现象。

（2）运行过程中监听声音是否异常，有无振动和焦味。

（3）检查接线有无松散，机壳是否松动。

（4）对于有齿轮减速装置的同步电动机，要定期加齿轮油。

活动四　成果展示与评价

任务结束后，各小组对活动成果进行展示，采用小组自评、小组互评、教师评价三种结合的评价体系。

一、展示评价

把个人制作好的产品先进行分组展示，再由小组推荐代表做必要的介绍。自己制作并填写活动过程评价自评表、活动过程评价互评表。

二、教师评价

教师根据学生展示的成果及表现分别做出评价，填写综合评价表（见表 5-2）。

表 5-2　综合评价表

评价项目	评价内容	配分	评价方式		
			自我评价	小组评价	教师评价
职业素养	（1）严格按《实习守则》要求穿戴好工作服、工作帽 （2）保证实习期间出勤情况 （3）遵守实习场所纪律，听从实习指导教师指挥 （4）严格遵守安全操作规程及各项规章制度 （5）注意组员间的交流、合作 （6）具有实践动手操作的兴趣、态度、主动积极性	30			

（续）

评价项目	评价内容		配分	评价方式		
				自我评价	小组评价	教师评价
专业技能水平	基本知识	（1）常用仪表、工具的使用正确 （2）拆装与维护过程中步骤完整，操作无误 （3）材料、工具选择适当	10			
	操作技能	（1）拆装与维护完成的同步发电机符合任务要求 （2）能有效处理拆装与维护过程中遇到的问题 （3）能对同步发电机常见故障进行检修	40			
	工具使用	（1）实验台、测量工具等的正确使用及维护保养 （2）熟练操作实习设备	10			
创新能力	学习过程中提出具有创新性、可行性的建议		10			
学生姓名		合计				
指导教师		日期				

相关知识

一、同步电机的结构和工作原理

1．结构形式

定子上有三相对称交流绕组（电枢绕组）。转子上有成对磁极、励磁绕组。转子通以直流电流时，将会在电机的气隙中形成极性相间的分布磁场，称为励磁磁场（也称主磁场、转子磁场）。定、转子之间的气隙层的厚度和形状对电机内部磁场的分布和同步电机的性能有重大影响。除了转场式（旋转磁极式）同步发电机外，还有转枢式同步电机。

2．同步发电机的工作原理（见图 5-4）

（1）建立主磁场：励磁绕组（转子）通以直流励磁电流时，将会在发电机的气隙中形成恒定方向的磁场，称为励磁磁场（也称主磁场、转子磁场）。

（2）原动机拖动转子以 n（r/min）旋转（即给电机输入机械能）。

（3）切割磁力线：主磁场随轴旋转并顺次被电枢各相绕组切割。

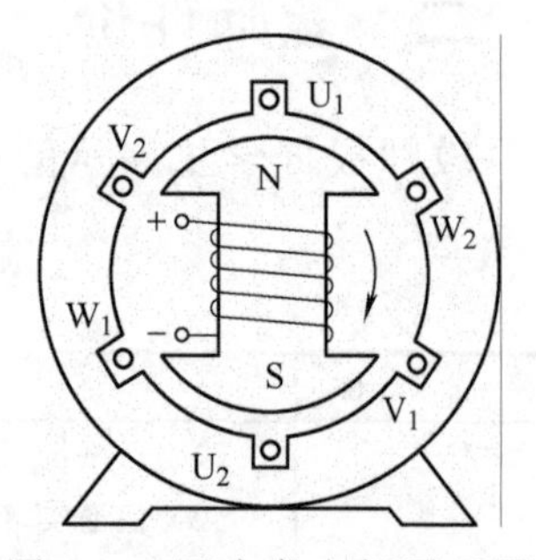

图 5-4　同步发电机原理图

（4）交变电势的产生：电枢绕组中将会感应出大小和方向按周期性变化的三相对称交变电势。通过引出线，即可提供交流电源。

若发电机有 p 对磁极，则感应电动势的频率为 $f=pn/60$。

交流电网的频率应该是一个不变的值，这就要求发电机的频率应该和电网的频率一致。我国电网的频率为 50Hz，故转子的转速为

$$n=\frac{60f}{p}=\frac{3000}{p}$$

同步发电机的转速与电网频率有严格不变的关系，即当电网频率一定时，电机转速不变。n 与定子旋转磁场的转速 n_1 相同（既定子磁场与转子磁场以同方向、同转速旋转）。只有运行于同步转速，同步电机才能正常运行，这也是同步电机名称的由来。

二、同步发电机基本结构及应用

同步发电机定子结构与异步电动机相似，而转子结构有着自己的特点（见图 5-5）。根据原动机的特点（汽轮机、水轮机），同步发电机的转子也制成两种形式与之配套。

1）凸极式。凸极式转子上有明显凸出的成对磁极和集中励磁绕组。多极发电机做成凸极结构，工艺较为简单，所以凸极发电机与转速较低的水轮机相配套。

2）隐极式。隐极式转子上没有凸出的磁极。转子本体表面开有槽，槽中嵌放励磁绕组。隐极转子适合于 2 极高速发电机，常与大容量高转速汽轮机（线速度可达 170m/s）配套。考虑到转子冷却和强度方面的要求，隐极式转子的结构和加工工艺较为复杂。

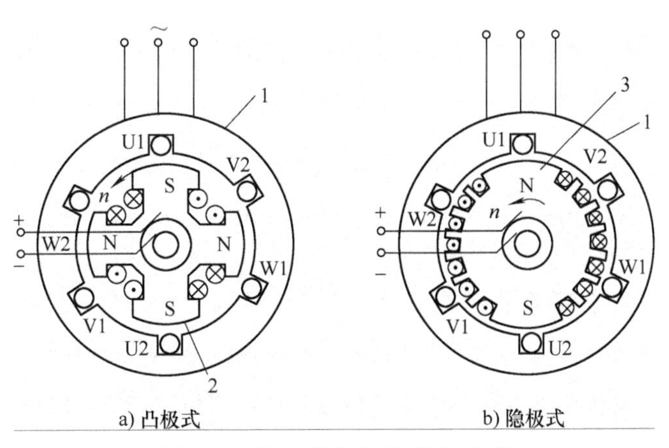

图 5-5　同步发电机的磁极形式

1—定子　2—凸极转子　3—隐极转子

（一）隐极式同步发电机

1．定子（包括定子铁心、定子绕组、机座、端盖等）

1）定子铁心：由 0.5mm 厚的硅钢片叠成，沿轴向分成若干叠，每叠 3～6cm，相互之间留有宽 0.8～1cm 的通风沟。

2）定子绕组：由许多线圈按一定规律连接而成。大容量发电机由于尺寸大，制成半匝式（线棒），每个线棒由若干铜线并在一起，分成一排或两排，两个线棒的一端焊在一起，即成一个线圈。

3）机座：固定和支撑定子铁心，并形成风道。

2．转子（包括转子铁心、励磁绕组、护环、风扇等）

1）转子铁心：一般用整块的导磁性好的高强度合金钢锻成，转子表面约 2/3 部分铣有轴向凹槽，用于嵌放励磁绕组，不铣槽的约 1/3 部分形成大齿，即磁极。

2）励磁绕组：用扁铜线绕成同心式线圈，嵌放在大齿两侧的转子槽中，并用非磁性硬铝槽楔压紧。

3）护环：为使励磁绕组可靠地固定在转子上，绕组端部还要套上用高强度非磁性钢锻成的护环。

（二）凸极同步发电机（卧式或立式）

卧式：同步电动机、同步补偿机和用内燃机或冲击式水轮机拖动的同步发电机。

立式：低速、大容量水轮发电机和大型水泵用同步电动机。

1．定子（包括定子铁心、定子绕组、机座等）

1）定子铁心：由 0.5mm 厚硅钢片叠成，因直径大，一般采用几片扇形硅钢片拼成一个圆形。

2）定子绕组：大、中容量凸极发电机采用波绕组，小容量凸极发电机采用叠绕组。

3）机座：固定和支撑定子铁心，并形成风道。因直径大，通常采用分瓣机座。

2．转子（包括转子铁心、转轴、励磁绕组、阻尼绕组等）

1）转子铁心：即磁极，采用 T 尾或鸠尾形连接块与磁轭连接，磁轭与转轴间用转子支架支撑着，转子支架固定在转轴上。

2）转轴：用高强度钢锻成。因转速低，转子铁心与转轴分开锻造。

3）阻尼绕组：由插入磁极极靴槽中的铜条和两端的端环焊成一个闭合绕组。在发电机不对称运行时，起削弱负序旋转磁场，抑制转子机械振荡的作用。

（三）同步发电机的励磁方式

获得励磁电流的方法称为励磁方式。目前采用的励磁方式分为两大类：一类是用直流发电机作为励磁电源的直流励磁机励磁系统；另一类是用硅整流装置将交流转化成直流后供给励磁的整流器励磁系统。

1）直流励磁机励磁。直流励磁机通常与同步发电机同轴，采用并励或者他励接法。采用他励接法时，励磁机的励磁电流由另一台被称为副励磁机的同轴的直流发电机供给，如图 5-6 所示。

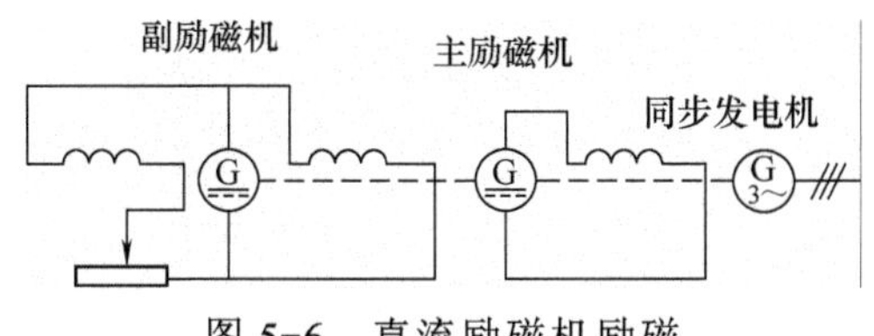

图 5-6　直流励磁机励磁

2）静止整流器励磁。同一轴上有三台交流发电机，即主发电机、交流主励磁机和交流副励磁机。副励磁机的励磁电流开始时由外部直流电源提供，待电压建立起来后再转为自励（有时采用永磁发电机）。副励磁机的输出电流经过静止晶闸管整流器整流后供给主励磁机，而主励磁机的交流输出电流经过静止的三相桥式硅整流器整流后供给主发电机的励磁绕组，如图 5-7 所示。

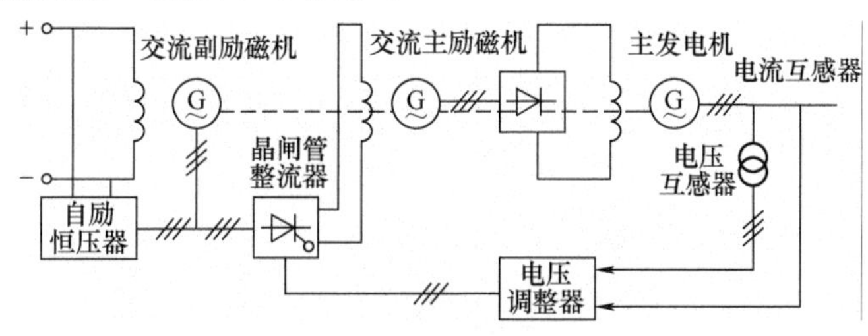

图 5-7　静止整流器励磁

3）旋转整流器励磁。静止整流器的直流输出必须经过电刷和集电环才能输送到旋转的励磁绕组，对于大容量的同步发电机，其励磁电流达到数千安培，使得集电环严重过热。因此，在大容量的同步发电机中，常采用不需要电刷和集电环的旋转整流器励磁系统。主励磁机是旋转电枢式三相同步发电机，旋转电枢的交流电流经与主轴一起旋转的硅整流器整流后，直接送到主发电机的转子励磁绕组。交流主励磁机的励磁电流由同轴的交流副励磁机经静止的晶闸管整流器整流后供给。由于这种励磁系统取消了集电环和电刷装置，故又称为无刷励磁系统，如图 5-8 所示。

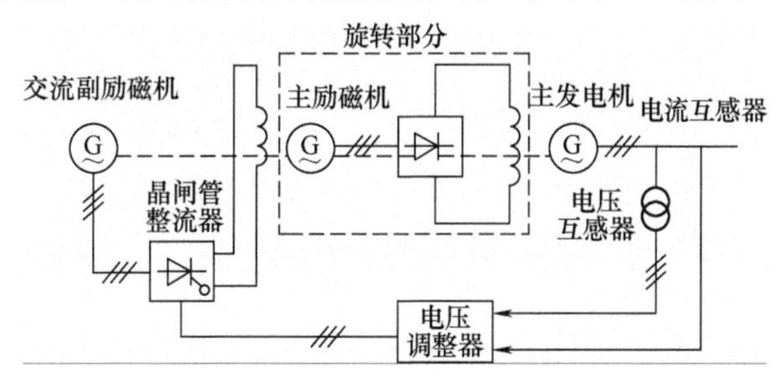

图 5-8　旋转整流器励磁

三、同步电动机的工作原理

1．工作原理

如图 5-9 所示，同步电动机正常工作时，定子电枢绕组与交流电源接通，电枢电流产生合成旋转磁场；转子励磁绕组通入直流励磁电流，产生转子恒定主磁场。两个磁场的异性磁极间相互吸引形成磁力，由于定子电枢磁场以同步转速转动，则拖着转子磁极同速、同向同步转动。由于定、转子磁场间磁力线的纵向收缩作用，形成驱动转子的电磁转矩，同步电动机将电能转换为机械能。

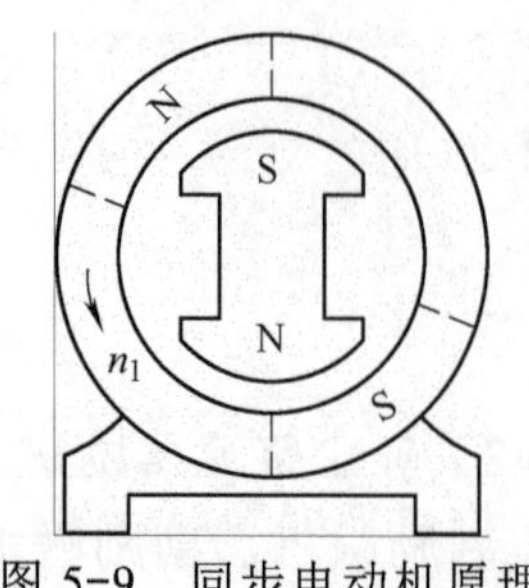

图 5-9 同步电动机原理

2. 同步电动机不能自行起动的原因

转子绕组加入直流励磁以后，在气隙中产生静止的转子磁场。当在定子绕组中通入三相交流电以后，在气隙中则产生旋转磁场。定、转子磁场之间存在有相对运动，但由于旋转磁场以同步转速旋转，而转子本身存在惯性，不可能立即达到同步速度，这样旋转磁场已经转过 180°，但转子刚刚转过一点，转矩方向又相反了，一个周期内，转子上的平均转矩为零，所以同步电动机不能自行起动。

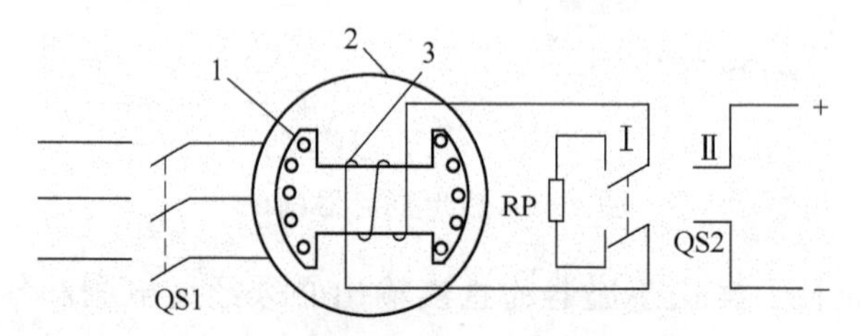

图 5-10 同步电动机异步起动电路

1—笼型起动绕组 2—同步电动机 3—同步电动机励磁绕组

3. 同步电动机的起动方法

1）异步起动法。在电动机主磁极极靴上装设笼型起动绕组。起动时，先使励磁绕组通过电阻短接，而后将定子绕组接入电网。依靠起动绕组的异步电磁转矩使电动机升速到接近同步转速，再将励磁电流通入励磁绕组，建立主极磁场，即可依靠同步电磁转矩，将电动机转子牵入同步转速。

2）辅助电动机起动法。通常选用与同步电动机同极数的异步电动机（容量约为主机的 10%～15%）作为辅助电动机，拖动主机到接近同步转速，再将电源切换到主机定子，励磁电流通入励磁绕组，将主机牵入同步转速。

四、同步发电机的使用与维护

（一）运行前的检查

（1）同步发电机与原动机连接之前，应用手转动转轴，观察其转动是否灵活，有无相擦现象。

（2）检查外部是否清洁，内部有无杂物等。

（3）检查接线有无松散，螺栓是否松动。

（4）检查电刷压力是否合适，刷握是否牢固，电刷和集电环接触是否良好。

（5）检查接地是否良好。

（6）测量各部分的绝缘电阻值，如绝缘电阻值太低，应进行干燥处理。

（7）检查开关、灭弧装置是否良好。

（二）运行中的监视

（1）监听运行声音是否正常，判断有无振动和焦味。

（2）仔细观察发电机温升是否过高。

（3）应经常观察集电环和电刷之间有无不正常的火花。

（4）应随时注意配电屏上各种仪表指示的变化情况。

（三）维护

（1）经常对集电环、电刷和刷握进行清洁、紧固，使之接触良好。

（2）对硅整流元件、印制电路板要经常清洁、保持干燥，通风良好。

（3）要定期清洗轴承和更换润滑油。

任务六
特种电机的使用与维护

学习目标

（1）了解伺服电动机的特点、用途和分类。

（2）学会伺服电动机的接线。

（3）学会伺服电动机的正确使用及维护方法。

（4）了解测速发电机的基本结构和工作原理。

（5）学会测速发电机的正确使用与维护方法。

（6）学会步进电动机的拆装与检测方法。

（7）了解步进电动机的工作原理。

（8）能根据任务要求，列出所需工具和材料清单，准备工具材料，合理制订工作计划。

（9）能按电工作业规程，在作业完毕后清理现场。

任务描述

在日常生活和生产实际中还广泛使用着各种特殊结构和特殊用途的电机，特别是随着新技术的不断发展和新材料的不断涌现，新型特种电机的研究和应用还处在不断发展之中。由于特种电机大都用于控制系统中，且功率较小，所以又称为控制电机。从本质上讲，特种电机的基本理论和分析方法与普通电机是一致的，但又有其特殊性。特种电机是指具有某种特殊功能或作用的电机，本任务主要让学生了解伺服电动机、测速发电机和步进电动机，通过对伺服电动机、测速发电机、步进电动机的描述，了解几种特种电机的作用及用途，学会特种电机的使用及维护方法。

任务实施

特种电机已成为现代工业自动化系统、现代科学技术和现代军事装备中必不可少的重要设备。它的使用范围非常广泛，如机床加工过程的自动控制，阀门的遥控，火炮和雷达的自动定位，舰船方向舵的自动操纵，飞机的自动驾驶，遥远目标位置的显示，以及电子计算机、自动记录仪表、医疗设备、录音、录像、摄影等方面的自动控制系统等。本次任务主要完成交流伺服电动机在测温、仪表电子电位差计中的应用。

活动一　明确任务，制订计划

阅读任务书，以小组为单位讨论其内容，收集相关信息，完成以下引导问题。

（1）简述伺服电动机的结构、种类、特点。

（2）伺服电动机主要有哪几种控制方式？

活动二　施工前的准备

结合以往所学的知识，查阅相关资料，搜集以下信息。

（1）绘制电子电位差计测温原理图，描述其测温过程及原理。

（2）列出实现电子电位差计所需的工具、仪表及材料清单（见表 6-1）。

表 6-1　工具及材料清单

序号	工具或材料名称	单位	数量	备注

如图 6-1 所示，该系统主要由热电偶、电桥电路、变流器、电子放大器与交流伺服电动机等组成。在测温前，将开关 SA 扳向 a 位，将电动势为 E_0 的标准电池接入；然后调节 R_3，使 I_0（R_1+R_2）=E_a，ΔU=0，此时的电流 I_0 为标准值。在测温时，要保持 I_0 为恒定的标准值。在测量温度时，将开关 SA 扳向 b 位，将热电偶接入。当被测温度上升或下降时，ΔU 的极性不同，亦即控制电压的相位不同，从而使得伺服电动

机正向或反向运转，电桥电路重新达到平衡，测得相应的温度。

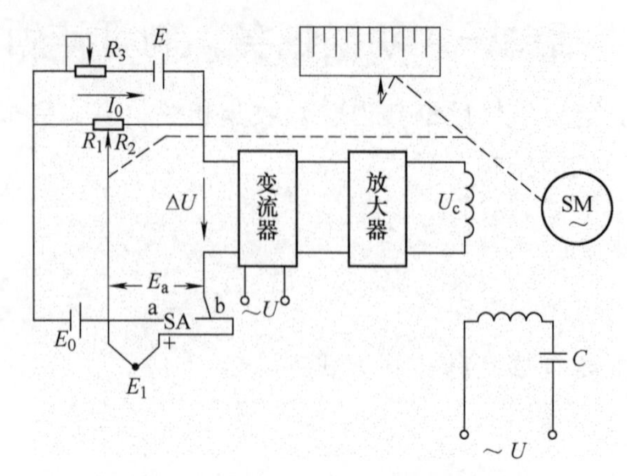

图 6-1　电子电位差计测温原理图

活动三　伺服电动机的使用

如图 6-2 所示，按电路图连接电路，实现温度的测量，思考以下问题。

（1）伺服电动机使用中有哪些常见问题？怎么解决？

（2）分析图 6-2 的工作过程（图中直流伺服电动机 SM 拖动旋转的机械负载，TG 为与其同轴的测速发电机）。

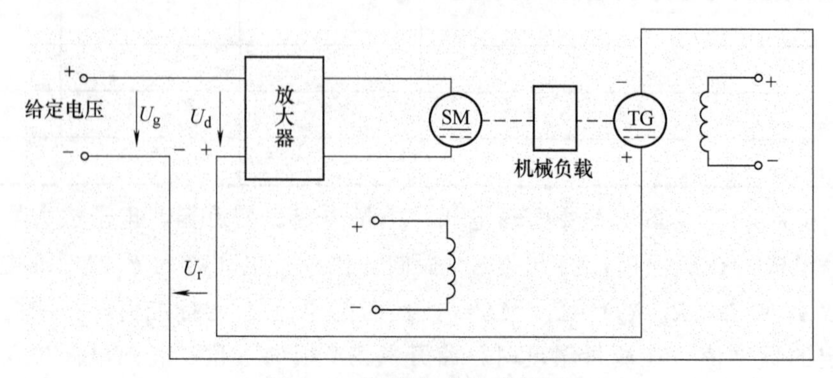

图 6-2　伺服电动机的使用

活动四　成果展示与评价

任务结束后，各小组对活动成果进行展示，采用小组自评、小组互评、教师评价三种结合的评价体系。

一、展示评价

把个人制作好的产品先进行分组展示，再由小组推荐代表做必要的介绍。自己制作并填写活动过程评价自评表、活动过程评价互评表。

二、教师评价

教师根据学生展示的成果及表现分别做出评价，填写综合评价表（见表 6-2）。

表 6-2　综合评价表

<table>
<tr><th rowspan="2">评价项目</th><th colspan="2" rowspan="2">评价内容</th><th rowspan="2">配分</th><th colspan="3">评价方式</th></tr>
<tr><th>自我评价</th><th>小组评价</th><th>教师评价</th></tr>
<tr><td>职业素养</td><td colspan="2">（1）严格按《实习守则》要求穿戴好工作服、工作帽
（2）保证实习期间出勤情况
（3）遵守实习场所纪律，听从实习指导教师指挥
（4）严格遵守安全操作规程及各项规章制度
（5）注意组员间的交流、合作
（6）具有实践动手操作的兴趣、态度、主动积极性</td><td>30</td><td></td><td></td><td></td></tr>
<tr><td rowspan="3">专业技能水平</td><td>基本知识</td><td>（1）常用仪表、工具的使用正确
（2）测温过程中步骤完整，操作无误
（3）材料、工具选择适当</td><td>10</td><td></td><td></td><td></td></tr>
<tr><td>操作技能</td><td>（1）测温结果符合任务要求
（2）能有效处理测温过程中遇到的问题
（3）能对交流伺服电动机常见故障进行检修</td><td>40</td><td></td><td></td><td></td></tr>
<tr><td>工具使用</td><td>（1）实验台、测量工具等的正确使用及维护保养
（2）熟练操作实习设备</td><td>10</td><td></td><td></td><td></td></tr>
<tr><td>创新能力</td><td colspan="2">学习过程中提出具有创新性、可行性的建议</td><td>10</td><td></td><td></td><td></td></tr>
<tr><td>学生姓名</td><td colspan="2"></td><td colspan="4">合计</td></tr>
<tr><td>指导教师</td><td colspan="2"></td><td colspan="4">日期</td></tr>
</table>

相关知识

一、伺服电动机

伺服电动机又称执行电动机，它在自动控制系统中作为执行元件使用。它的作用是将输入的电压信号转换成转矩和速度，来驱动控制对象。伺服电动机按其使用电源性质可分为交流伺服电动机和直流伺服电动机。

近年来，随着电气自动化程度的不断提高，伺服电动机的应用范围日益广泛，对其要求也不断提高，因此出现了许多新的结构形式，如盘形电枢直流伺服电动机、无刷直流伺服电动机等。伺服电动机种类虽然繁多，但要满足自动控制系统的要求，它必须有如下的特性。

1）要有较宽的调速范围，即其转速随控制电压的改变能在较宽的范围内连续调节。

2）机械特性和调节特性均为线性。

3）快速响应性，即转速随控制电压的变化而迅速变化。

4）无“自转”现象，即控制电压消失，电动机立即停转。

1．交流伺服电动机

交流伺服电动机的实质是一台单相异步电动机，其结构与电容运转单相异步电动机相似，如图 6-3 所示，它也有在空间上相差 90° 电角度的两组绕组，一组为励磁绕组，经过分相电容 C 加交流励磁电压 u_f，另一组为控制绕组，加同频率控制电压 u_c。选择适当的电容器 C 的数值，可以使励磁绕组的电流 i_f 与控制绕组的电流 i_c 在相位上相差接近 90°，从而形成旋转磁场，使得转子旋转。但是，如果转子电路的参数设计得和单相异步电动机相似，则当失去控制电压时，电动机不会停转，这种现象称自转。为了防止自转现象的发生，转子导体必须选用电阻率大的材料制成。

交流伺服电动机的转子目前有两种结构形式：一种是笼型转子结构，其转子细而长，使转子的转动惯量减小。它的导条的端环采用高电阻率的材料，目的是改变电动机的机械特性，从而抑制单相运行时的自转现象；另一种是空心杯转子结构，它是由铝合金或铜等非磁性材料制成的，这种结构的定子有内、外两个铁心，均用硅钢片叠成；定子绕组装在外定子上，内定子上没有放置绕组，它构成定子磁路的一部分，其目的是减小磁阻，薄壁型的空心杯转子即位于内外定子之间，用转子支架固定于转轴上。由于转子质量小，转动惯量也很小，所以能迅速而灵敏地起动和停转。

当负载转矩一定时，可以通过调节加在控制绕组上的电压大小及相位来达到改变交流伺服电动机转速的目的。因此交流伺服电动机的控制方式有三种。

（1）幅值控制。它是通过调节控制电压 u_c 的大小来改变电动机的转速，而控制电压 u_c 与励磁电压 u_f 之间始终保持着 90° 电角度。当控制电压 $u_c=0$ 时，电动机立即停转，控制电压 u_c 越大，电动机的转速越高。

（2）相位控制。与幅值控制不同，相位控制时，控制电压和励磁。通过调节控制电压与励磁电压之间的相位差来改变电动机的转速，控制电压的幅值保持不变。当相位角为零时，电动机停转；相位角加大，则电动机的电磁转矩加大，使得电动机速度增加。这种控制方式一般很少用。

（3）幅值—相位控制。这种控制方式是对幅值和相位均进行控制，即励磁绕组串

接电容 C 后，接到电压恒定的交流电源上，用改变控制电压 u_c 幅值的方式来改变电动机的转速，此时由于控制绕组通过转子铁心对励磁绕组产生的电磁感应，使得加到励磁绕组上的电压 u_f 的相位（和幅值）也发生了变化。这种控制方式设备简单、成本较低，因而是最常用的一种控制方式。

伺服电动机的换向是通过改变加在控制绕组上的控制电压的相位来实现的，当加在控制绕组上的电压反相时（u_f 不变），由于旋转磁场反向而电动机反转。

交流伺服电动机运行平稳、噪声小、反应迅速灵敏，但其机械特性线性度较差，并且由于转子电阻大，使得损耗大，效率低。一般只用于 0.5～100W 小功率控制系统中，国产交流伺服电动机型号为 SK 系列。

2. 直流伺服电动机

直流伺服电动机与他励直流电动机的结构相似，只是为了减小转子转动惯量，常常将其制成细而长的形状。控制电压 u_c 加到电枢绕组上，电动机的定子通常由硅钢片冲制而成，磁极和磁轭整体相连，以简化制造工艺。如图 6-3 所示，在磁极上套有励磁绕组，励磁绕组由独立的电源供电，目前我国生产的 SZ 系列的直流伺服电动机就属于这种结构。另外，还有一种永磁式直流伺服电动机，其磁路由永久磁铁构成，国产 SY 系列直流伺服电动机即属于此结构。

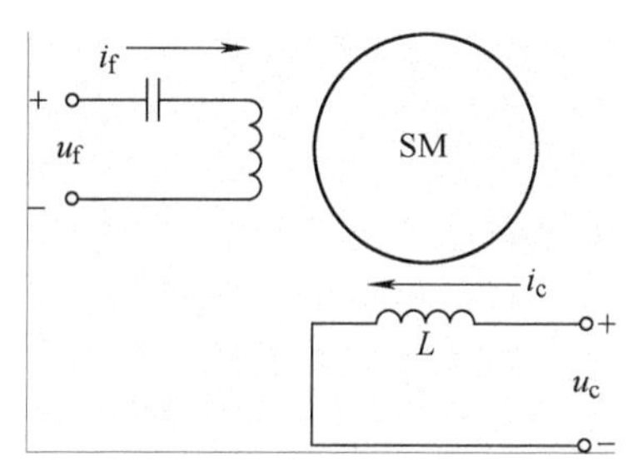

图 6-3　直流伺服电动机

直流伺服电动机的优点是具有线性的机械特性，起动转矩大，调速宽且平滑，无自转现象。与同容量交流伺服电动机相比，重量轻、体积小。缺点是转动惯量大，反应灵敏度较差。

伺服电动机用于复印机、打印机、绕线机、雷达天线系统、舰船、飞机、宇宙飞船等控制系统中。

3. 伺服电动机在使用中的常见问题

伺服系统是机电产品中的重要环节，它能提供最高水平的动态响应和转矩密度，所以拖动系统的发展趋势是用交流伺服驱动取替传统的液压、直流、步进和 AC 变频调速驱动，以便使系统性能达到一个全新的水平，包括更短的周期、更高的生产率、更好的可靠性和更长的寿命。为了实现伺服电动机的更好性能，就必须对伺服电动机的一些使用特点有所了解。

（1）噪声，不稳定。在一些机械上使用伺服电动机时，经常会发生噪声过大、电动机带动负载运转不稳定等现象，出现此问题时，许多使用者的第一反应就是伺服电动机质量不好。这种噪声和不稳定性，可能是来源于机械传动装置，由于伺服系统反应速度高，与机械传动系统反应时间较长不相匹配而引起的，即伺服电动机响应快于系统调整新的转矩所需的时间。针对不同的原因，会有不同的解决办法，如由机械共振引起的噪声，在伺服方面可采取共振抑制，低通滤波等方法。总之，噪声和不稳定的原因，基本上都不会是由于伺服电动机本身所造成。

（2）惯性匹配。惯性匹配需要根据机械的工艺特点及加工质量要求来确定。

二、测速发电机

测速发电机是一种测量转换元件，它将输入的转速转换为电压信号输出。这就要求测速发电机的输出电压与转速成正比，且对转速的变化反应灵敏。测速发电机按其使用电源的性质也分为交流和直流两大类。

1．直流测速发电机

直流测速发电机与普通小型直流发电机相同，按励磁方式来分，可分为永磁式和电磁式两大类。近年来，为了满足自动控制系统的要求，永磁式测速发电机的应用越来越广泛，其主要的原因是它不需要直流励磁电源，也不存在因励磁绕组温度变化而引起的特性的变化。

如图 6-4 所示，永磁式直流测速发电机的定子用永久磁铁制成，一般采用凸极式。转子上有电枢绕组和换向器，用电刷与外电路相联结。由于定子采用永久磁铁，故永磁式测速发电机的气隙磁通总是保持恒定（忽略电枢反应的影响），因此电枢电动势 E_a 与转速 n 成正比。

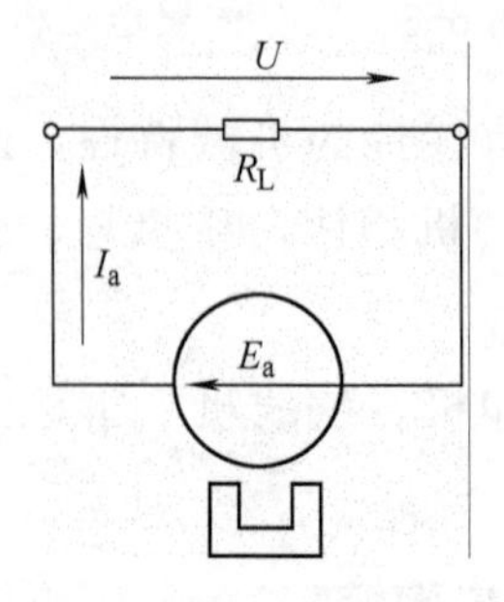

图 6-4　直流测速发电机

$$E_a=C_e\Phi n \tag{6-1}$$

空载时，因为电枢电流 $I_a=0$，输出电压 $U=E_a$，所以输出电压 U 与转速 n 成正比。

当测速发电机接上负载 R_L 时，可得出电压平衡方程式为 $U=E_a-I_aR_a=C_e\Phi n-\dfrac{U}{R_L}R_a$，

整理有

$$U = \frac{R_L C_e}{R_a + R_L} \Phi n = Kn \tag{6-2}$$

式中，$K=\frac{R_L C_e}{R_a + R_L}\Phi$ 为常数。由上式可知，直流测速发电机的输出电压与转速成正比，因此只要测出直流测速发电机的输出电压，就可测得被测机械的转速。

直流测速发电机由于存在着电刷和换向器，所以容易对无线电通信产生干扰，且寿命较短，使其应用受到了限制。近年来，由于无刷测速直流发电机的发展，其性能得到了改善，可靠性得到了提高，又获得了较多的应用。

我国生产的直流测速发电机 CY 为永磁系列，ZCF 为电磁系列，另外还有 CYD 系列永磁式低速直流测速发电机。

直流测速发电机的使用与维护要注意以下几点。

1）转速不应超过最大工作转速；负载电阻不应小于规定的负载最小电阻。

2）在励磁回路中，串联一个比励磁绕组的电阻值大几倍的温度系数小的电阻。

3）直流测速发电机的接线需要准确无误。

2．交流测速发电机

交流测速发电机可以分为同步测速发电机和感应测速发电机两种，而感应测速发电机又可以分为空心杯转子式和笼型转子式两种。下面仅介绍在自动控制领域中应用较为广泛的空心杯转子式感应测速发电机。

如图 6-5 所示，空心杯转子式感应测速发电机的结构与空心杯形转子伺服电动机中的转子基本相同，是一个薄壁空心杯形转子，用高电阻率的非磁性材料磷青铜制成，它可以看成是由无数根导条并联而成的。定子上有两个轴线互相垂直的绕组，一个为励磁绕组 N_1，另一个为输出绕组 N_2，并且设定子励磁绕组的轴线为直轴 d，输出绕组的轴线为交轴 q。

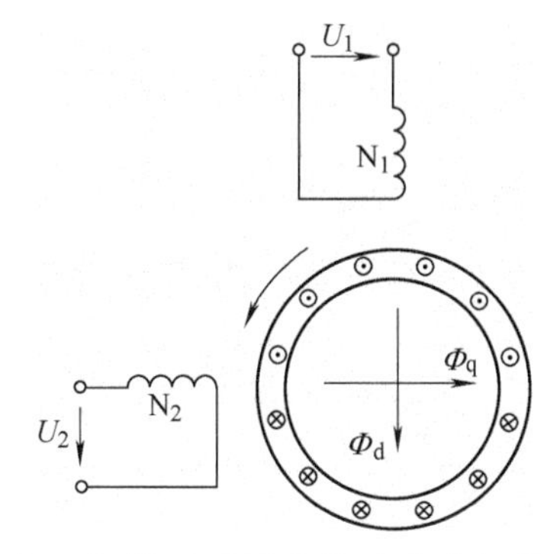

图 6-5　空心杯转子式感应测速发电机的工作原理

当空心杯转子的转速 n=0 时，虽然励磁绕组 N_1 加上正弦交流电压 U_1，但由于它所产生的脉动磁动势与直轴 d 方向一致，即与交轴 q 相垂直，没有与输出绕组相交链的磁通，因此在输出绕组 N_2 中不能产生感应电动势 E_2，即有 $U_2=0$。

当转子以转速 n 旋转时，转子导条切割直轴脉动磁场 Φ_d，在导条中产生感应电动势 E_r 和感应电流 I_r，其方向以交轴为分界线，并且上、下两个部分电流方向相反。由式 $E_r=C_e\Phi_d n$ 及近似 $E_r \propto I_r$ 可以得出 $I_r \propto n$。

感应电流 I_r 在磁路中产生交轴脉动磁场 Φ_q，则有近似式 $\Phi_q \propto I_r \propto n$。

交轴脉动磁场 Φ_q 在输出绕组中产生的感应电动势为 $E_r=4.44f N_2\Phi_q$。

综上所述，则有式

$$U_2 \approx E_2 \propto n \tag{6-3}$$

由此可见，在励磁绕组电压 U_1 和频率 f 为恒定值且输出负载很轻时，交流测速发电机的输出电压与转速成正比，而其输出电压的频率等于电源的频率，并与转速无关。因此只要测出其输出电压的大小，就可以测出转速的大小。若被测机械的转向改变，则交流测速发电机的输出电压在相位上也反相 180°。

应该说明，$U_2 \propto n$ 是在理想的情况下推导出来的，在交流测速发电机的实际工作中，由于制造工艺及负载较重等原因，会存在着一定的线性误差、相位误差以及剩余电压。

空心杯转子式测速发电机与直流测速发电机相比，具有结构简单、工作可靠等优点，是目前较为理想的测速元件。目前我国生产的空心杯转子式测速发电机为 CK 系列，频率有 50Hz 和 400Hz 两种，电压等级有 36V、110V 等。

三、步进电动机

步进电动机是一种由电脉冲控制的特殊同步电动机，其作用是将电脉冲信号变换为相应的角位移或线位移。步进电动机与一般电动机不同。一般电动机通电后连续转动，而步进电动机则是通以电脉冲信号后一步一步转动，每通入一个电脉冲信号只转动一个角度。因此，步进电动机又称为脉冲电动机。步进电动机可以实现信号变换，是自动控制系统和数字控制系统中广泛应用的执行元件，如在数控车床、打印机、绘图仪、机器人控制等场合都有应用。

步进电动机的角位移或线位移与脉冲数成正比，其转速 n 或线速度 v 与脉冲频率 f 成正比。在负载能力范围内，这些关系不因电源电压、负载大小以及环境条件的波动而变化。步进电动机可以在很宽的范围内通过改变脉冲频率来调速，能够快速起动、反转和制动。它能直接将数字脉冲信号转换为角位移，很适合采用微型计算机控制。

1．步进电动机的特点及分类

步进电动机的特点如下。

1）结构简单，成本低，适用于中低档机电产品。

2）步进电动机的步距角有误差，但转子转过一转以后，其累积误差变为“零”，因此不会长期积累。

3）控制性能好，与计算机接口简单。

步进电动机的结构形式和分类方法很多。按工作原理不同分成反应式、永磁式和永磁感应式三种。按运动状态不同又分为旋转式、直线运动式和平面运动式三种。其中反应式步进电动机具有步距小、响应速度快、结构简单等优点，广泛应用于数控机床、自动记录仪、计算机外围设备等数控设备。本任务仅介绍目前应用广泛的反应式旋转运动步进电动机的基本结构、工作原理及应用。

2．步进电动机的工作原理

反应式旋转运动步进电动机有单段式和多段式两类。

多段式是定转子铁心沿步进电动机轴向按相数分成 m 段，由于各相绕组沿着轴向分布，所以又称为轴向分相式，按其磁路的结构特点有两种，一种是主磁路仍为径向，另一种是主磁路包含有轴向部分。多段式径向磁路步进电动机的结构：每一段的结构和单段式径向分相结构相似通常每一相绕组在一段定子铁心的各个磁极上，定子的磁极数从结构合理考虑决定，最多可以和转子齿数相等。定转子铁心的圆周上都有齿形相近和齿距相同的均匀小齿，转子齿数通常为定子极数的倍数，定子铁心或转子铁心每相邻两段沿圆周错开 $1/m$ 齿距。

此外，也可以在一段铁心上放置两相或三相绕组。定子铁心或转子铁心每相邻两段要错开相应的齿距，这样可增加电机制造的灵活性。多段式轴向磁路步进电动机的结构：每段定子铁心为 Π 字形，在其中间放置环形控制绕组，定转子铁心上均有齿形相近和齿数相等的小齿，定子铁心或转子铁心，每相邻两段沿圆周错开 $1/m$ 齿距。多段式结构的共同特点是铁心分段和错位装配工艺比较复杂，精度不易保证，特别对步距角较小的步进电动机更是困难。但步距角可以做得很小，起动和运行频率较高，对轴向磁路的结构，定子空间利用率高，环形控制绕组绕制方便，转子的惯量较低。

单段式定转子为一段铁心，由于各相绕组沿圆周方向均匀排列，所以又称为径向分相式。目前使用最多的是单段式，如图 6-6 所示，它的定子和转子均用硅钢片或其他软磁材料制成，定子磁极数为相数的两倍，每对定子磁极上绕有一对控制绕组，被称为一相。在定子磁极极面和转子外缘开有分布均匀的小齿，两者齿型和齿距相同，如果使两者齿数恰当配合，可实现使 U 相磁极的小齿与转子小齿一一对正，而 V 相磁极的小齿与转子小齿错开 1/3 齿距，W 相则错开 2/3 齿距。这种结构的优点在于电动机制造简单，精确度高，每转一步所对应的转子转角（步距角）小，容易获得较高的起动转矩和运行频率。不足之处是电动机直径较小而相数又多时，径向分相困难。

常见的步进电动机可以分为三相、四相、五相等，三相步进电动机的工作方式可分为：三相单三拍、三相双三拍、三相单双六拍等。

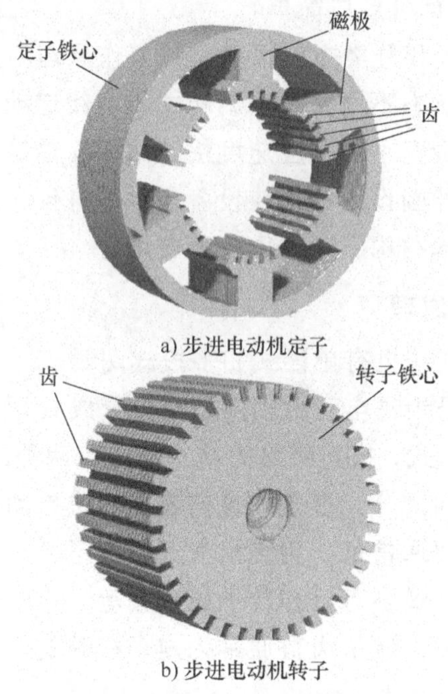

a) 步进电动机定子

b) 步进电动机转子

图 6-6　步进电动机的定子与转子

（1）三相单三拍。

这种工作方式因三相绕组中每次只有一相通电，而且一个循环周期共包括三个脉冲，通电顺序为 A→B→C→A，所以称三相单三拍，如图 6-7 所示。

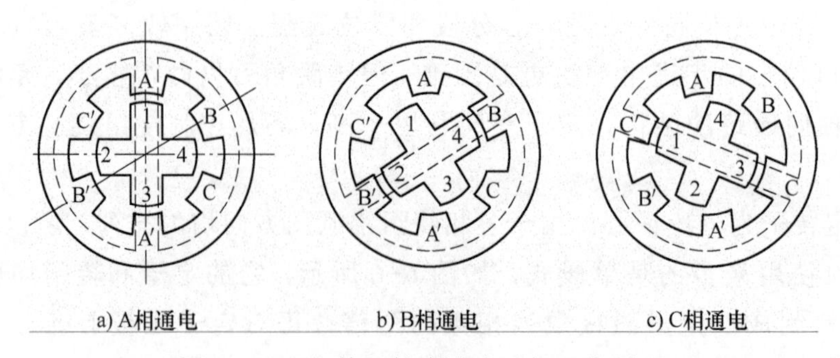

a) A相通电　　b) B相通电　　c) C相通电

图 6-7　三相单三拍步进电动机工作原理

三相单三拍的特点如下。

1）每来一个电脉冲，转子转过一个角度，此角称为步距角，用 θ 表示。

2）转子的旋转方向取决于三相线圈通电的顺序，改变通电顺序即可改变转向。

（2）三相双三拍。

这种工作方式每拍同时有两相绕组通电，三拍为一个循环。通电顺序为 AB→BC→CA→AB（见图 6-8）。

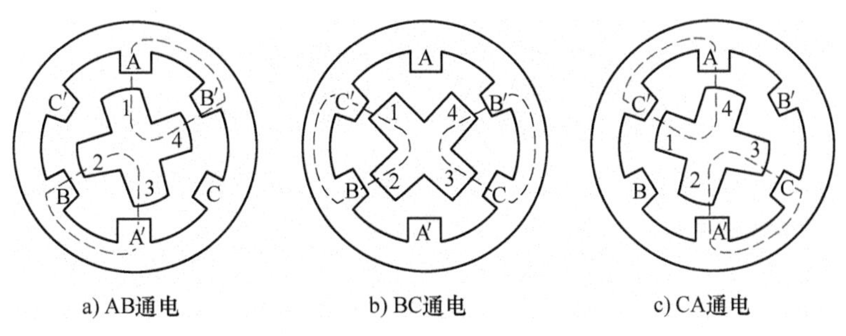

a) AB通电　　b) BC通电　　c) CA通电

图 6-8　三相双三拍步进电动机工作原理

（3）三相单双六拍。

步进电动机工作在三相单双六拍的方式时，三相绕组的通电顺序为：A→AB→B→BC→C→CA→A 共六拍（见图 6-9）。

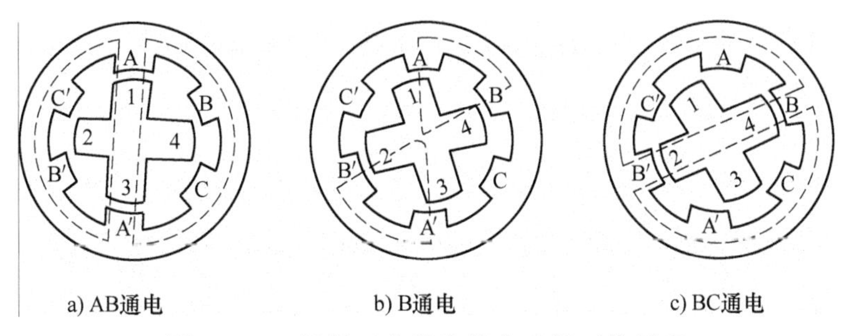

a) AB通电　　b) B通电　　c) BC通电

图 6-9　三相单双六拍步进电动机工作原理

步距角的大小与通电方式和转子齿数有关，其大小可用下式计算：

$$\theta=360°/(zm)$$

式中　z——转子齿数；

m——运行拍数，通常等于相数或相数整数倍，即 $m=KN$（N 为电动机相数，单拍时 $K=1$，三相六拍或双拍 $K=2$）。

参 考 文 献

[1] 徐政．电机与变压器[M]．4版．北京：中国劳动社会保障出版社，2008．

[2] 王建．电机变压器设备安装与维护[M]．北京：中国劳动社会保障出版社，2011．

[3] 王建．电机变压器原理与维修[M]．北京：中国劳动社会保障出版社，2012．

[4] 葛永国．电机及其应用[M]．北京：机械工业出版社，2011．

[5] 黄永铭．电动机与变压器维修[M]．北京：高等教育出版社，2005．